装配式建筑关键工种培训教材

安徽省住宅产业化促进中心　组织编写

中国建材工业出版社

图书在版编目（CIP）数据

装配式建筑关键工种培训教材/安徽省住宅产业化促进
中心组织编写 . --北京：中国建材工业出版社，2020.11
　ISBN 978-7-5160-3050-9

　Ⅰ. ①装… 　Ⅱ. ①安… 　Ⅲ. ①装配式构件－职业培训
－教材 　Ⅳ. ①TU3

中国版本图书馆 CIP 数据核字（2020）第 170576 号

装配式建筑关键工种培训教材

Zhuangpeishi Jianzhu Guanjian Gongzhong Peixun Jiaocai

安徽省住宅产业化促进中心 　组织编写

出版发行：中国建材工业出版社

地　　址：北京市海淀区三里河路 1 号

邮　　编：100044

经　　销：全国各地新华书店

印　　刷：北京鑫正大印刷有限公司

开　　本：710mm×1000mm　1/16

印　　张：7.5

字　　数：160 千字

版　　次：2020 年 11 月第 1 版

印　　次：2020 年 11 月第 1 次

定　　价：**45.00 元**

本书编委会

组织编写：安徽省住宅产业化促进中心

主　　编：林志诚

副 主 编：刘继朝　张　璐　蒋　庆　刘运林　沈万玉

参　　编：闫　威　何靖南　王　琰　徐　敏　杨启安

　　　　　王冬花　陈旭东　付佳丽　黄　潇　肖凌云

　　　　　王从章　苏海英　冯依林　应方林　崔锐革

　　　　　涂宇航　冯正文　高　严

审　　定：叶献国　王兴明　吴丙华　杨皓东　何云峰

前　　言

党中央、国务院高度重视装配式建筑的发展，2016 年《中共中央国务院关于进一步加强城市规划建设管理工作的若干意见》提出，要发展新型建造方式，大力推广装配式建筑。2016 年 9 月，国务院办公厅印发了《关于大力发展装配式建筑的指导意见》，提出以京津冀、长三角、珠三角三大城市群为重点推进地区，常住人口超过 300 万的其他城市为积极推进地区，加快推进装配式建筑发展。我国装配式建筑已经进入加速发展时期。

各地在推进装配式建筑发展过程中，普遍反映存在装配式建筑产业工人严重不足，工人老龄化程度高，灌浆工、构件装配工等关键岗位工人的技术水平亟待提高等情况。在此背景下，安徽省住宅产业化促进中心在《装配式混凝土建筑技术标准》（GB/T 51231—2016）的基础上，结合装配式建筑产业工人现状，组织行业权威专家和龙头企业编写了这本《装配式建筑关键工种培训教材》。

本教材立足装配式建筑产业发展实际，在装配式建筑生产施工环节中选取了制作工、安装工、灌浆工 3 个关键工种编制培训教材，内容涵盖关键工种的岗位职责、理论知识、作业准备、工艺流程、操作要点和质量检查。本教材最大的亮点是通俗易懂、图文并茂，能较快地使产业工人掌握装配式建筑生产施工的标准要求和工艺操作要领，为装配式建筑施工的工程质量提供技术保障。

由于时间紧迫，本教材难免存在疏漏之处，欢迎大家提出宝贵的意见和建议，以便在今后的教材修改工作中不断补充完善。最后，向参加本教材撰写及对本教材出版作出贡献的各级建设主管部门领导、专家学者、企业家、一线技术人员和工人们表示诚挚的感谢，也衷心希望本教材的出版能够为装配式建筑的发展作出相应的贡献。

编委会

2020 年 3 月 9 日

目　录

第1部分　制作工

第2部分　安装工

第 3 部分 灌浆工

第1部分　制作工

第1章　制作工岗位职责

（1）制作工经培训取得"制作工培训合格证"后方可上岗操作。

（2）制作工进入场地前必须接受三级安全教育，按规定开展安全技术交底并形成交底记录后方可进行制作作业。

（3）制作工应熟悉预制构件制作的操作流程，熟练运用构件制作所需的工器具，掌握的技能保证构件制作质量。

（4）制作工能够独立熟练掌握构件制作常用机具的基本功能、使用方法、维护及保养知识以及故障处理知识。

（5）制作工必须掌握预制构件制作作业安全防护工具的基本功能及使用知识。

（6）构件制作前所用各种设备应完好，人员到岗；设备完好、物资到位、工具齐全，制作时应严格按照构件制作作业指导书操作。

（7）制作工能够随时发现作业异常情况，准确判断故障部位，及时排除设备故障。制作工应根据"质量控制点设置清单"进行重点控制和自检。

（8）制作作业结束后，应做好场地整理工作，并按规定要求整理好设备，并在"装配式建筑构件制作记录表"上签字。

（9）制作工应严格按照《作业指导书》和《操作规程》作业，严格执行三检制度，认真填写"随工单"。

（10）预制构件制作完成并经检验合格后，按照《PC构件出入库管理办法》配合相关管理人员办理入库手续。

第2章 制作工基本知识

2.1 基本概念

2.1.1 预制墙体

在预制构件厂预先制作的钢筋混凝土材料墙体，主要有预制剪力墙外墙、预制剪力墙内墙、预制外挂板，如图 2-1-1 所示。

预制剪力墙外墙（带窗洞）

预制剪力墙外墙（不带窗洞）

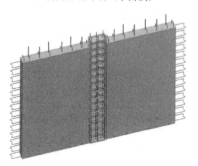

预制剪力墙内墙

预制外挂板

图 2-1-1 预制墙体墙

2.1.2 预制叠合板

预制叠合板是在预制构件厂预先制作的与现浇钢筋混凝土层叠合而成装配整体式楼板的混凝土薄板，如图 2-1-2 所示。

图 2-1-2　预制叠合板

2.1.3　预制楼梯

预制楼梯是在预制构件厂预先制作的由钢筋混凝土、预应力混凝土构成的台阶加平台部品，如图 2-1-3 所示。

图 2-1-3　预制楼梯

2.1.4　预制异型构件

预制异形构件是在预制构件厂预先制作的由钢筋混凝土、预应力混凝土构成的 PCF 板、空调板、阳台板、叠合梁、飘窗板、转角墙等异型构件，如图 2-1-4 所示。

2.1.5　预制外挂墙板

预制外挂墙板是在预制构件厂预先制作的安装在主体结构上，起围护、装饰作用的非承重预制混凝土外墙板，简称外挂墙板，如图 2-1-5 所示。

预制PCF板

预制空调板

预制阳台板

预制叠合梁

预制飘窗板

预制转角墙

图 2-1-4　预制异形构件

图 2-1-5　预制外挂墙板

2.1.6　流水线模台

流水线模台，是将标准订制的钢平台放置在滚轴或轨道上，使其移动，先后完成清扫、划线、预埋、喷油、配筋、浇筑、养护等步骤，如图 2-1-6 所示。每名制作工在工位上根据任务分工只进行单个工序作业。其主要生产产品为墙板、叠合板等。

图 2-1-6　流水线模台

2.1.7　固定线模台

固定线模台，是将钢平台放置在固定的地面基础上，保持不动，制作工围绕该平台开展各个工序作业，如图 2-1-7 所示。其主要生产产品为楼梯、阳台板、空调板等混凝土异型构件。

图 2-1-7　固定线模台

2.2　识图基本知识

2.2.1　三视图

三视图是能够正确反映物体长、宽、高尺寸的正投影工程图。其包括主视图、俯视图、左视图三个基本视图。

主视图是指从物体的前面向后面投射所得的视图，能反映物体的前面形状；俯视图是指从物体的上面向下面投射所得的视图，能反映物体的上面形状；左视图是指从物体的左面向右面投射所得的视图，能反映物体的左面形状。

2.2.2　基本图例

预制构件设计图纸中的基本图例如表 2-2-1 所示。

表 2-2-1　基本图例

图　　例	名　　称	图　　例	名　　称
	一级钢筋 二级钢筋 三级钢筋		套筒
	吊钉		保温板
	半灌浆套筒		全灌浆套筒
	玻璃纤维筋		粗糙面
	模板面		线盒

2.3　设备、工器具和安全防护用品

2.3.1　主要制作设备

主要制作设备包括混凝土搅拌站、桁车、混凝土布料机、拉毛设备、构件制作模台、构件养护窑、叉车、堆货架等，如图 2-3-1 所示。

混凝土搅拌站　　　　　　　　桁车

混凝土布料机　　　　　　　　拉毛设备

构件制作模台　　　　　　　　构件养护窑

叉车　　　　　　　　　　　　堆货架

图 2-3-1　主要制作设备

2.3.2 主要工器具

主要工器具包括平衡梁、钢筋弯曲机、电动扳手、磁盒、卷尺、手锤等，如图 2-3-2 所示。

平衡梁

钢筋弯曲机

电动扳手

磁盒

卷尺

手锤

图 2-3-2　主要工器具

2.3.3 主要安全防护用品

主要安全防护用品包括安全帽、防护眼镜、安全鞋、防护手套等，如图 2-3-3 所示。

安全帽

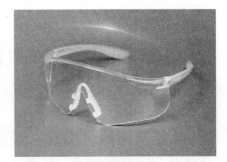
防护眼镜

安全鞋

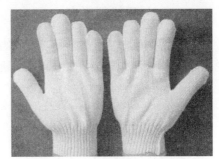
防护手套

图 2-3-3 主要安全防护用品

2.4 制作安全操作要求

（1）构件制作前应编制合理可行的专项安全方案，审批通过后方可作业。

（2）制作工人进入工作现场必须正确佩戴安全帽，做好安全防护措施。

（3）脱模剂涂刷后严禁踩踏，防止滑倒伤人。

（4）上下钢台车要采用踏步或踩踏台车边缘框架，并观察落脚处有无障碍物或尖锐物品，防止跌倒伤人。

（5）严禁在台车运行轨道内接打电话、交谈或因其他原因的逗留。

（6）发现行车吊物靠近时注意避让，保持安全距离，防止意外。

（7）物料摆放的位置和方式，应避开行走通道。

（8）焊机周围 5m 内不得放置易燃易爆物品，防止火灾事故发生。

第3章 制作工作业准备

3.1 主要材料、模具、工器具、场地准备及工艺试验

3.1.1 主要材料准备

严格按照图纸、必要的技术文件和生产计划领料，材料经过检测符合图纸要求，并满足构件制作需要，如图 3-1-1 所示。

钢筋　　　　　　　　　　　　　　　　水泥

砂石料　　　　　　　　　　　　　　　模具

图 3-1-1　主要材料

3.1.2 模具准备

预制构件模具，是以特定的结构形式通过一定方式使材料成型的一种工业产品，同时也是能成批生产出具有一定形状和尺寸要求的工业产品零部件的一种生产工具。现阶段装配式混凝土结构部品件模具的主要材料为钢材，构配件主要由侧模、紧固件、拉杆等组成。其主要类型有：预制墙体模具、叠合板模具、预制楼梯模具、预制异型构件模具，如图 3-1-2 所示。

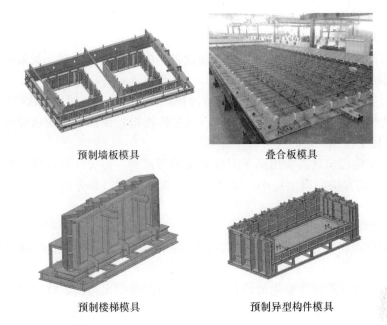

预制墙板模具　　　　　　　　　　叠合板模具

预制楼梯模具　　　　　　　　　　预制异型构件模具

图 3-1-2　主要模具类型

模具组装与拆卸工艺：

1）固定模台模具工艺

（1）模具组装前要清理干净，特别是边模与底模的连接部位、边模之间的连接部位、窗上下边模位置、模具阴角部位等。

（2）模具清理干净后，要在每一块模板上均匀喷涂脱模剂，包括连接部位，喷涂脱模剂后，应用清洁抹布将模板擦干。

（3）对于构件有粗糙面要求的模具面，如果采用缓凝剂方式，须涂刷缓凝剂。

（4）在固定模台上组装模具，模具与模台连接应选用螺栓和定位销。

（5）模具组装时，先敲入定位销进行定位，再紧固螺栓；拆模时，先放松螺栓，再拔出定位销。

（6）模具组装要稳定牢固，严丝合缝。

（7）应选择正确的模具进行拼装，在拼装部位粘贴密封条来防止漏浆。

（8）组装模具应按照组装顺序进行，对于需要先安装钢筋骨架或其他辅配件的，待钢筋骨架等安装结束后再组装下一道环节的模具。

（9）组装完成的模具应对照图样自检，然后由质检员复检。

（10）混凝土振捣作业环节，及时复查因混凝土振捣器高频振动可能引起的螺栓松动，着重检查预制柱伸出主筋的定位架、剪力墙连接钢筋的定位架和预埋件附件等的位置，及时进行偏位纠正。

2）流水线模台模具工艺

（1）清理模具

① 自动流水线上有清理模具的清理设备，模台通过设备时，刮板降下来铲除残余混凝土。

② 对残余的大块的混凝土要提前清理掉，并分析原因，提出整改措施。

③ 边模由边模清扫设备清洗干净，通过传送带将清扫干净的边模送进模具库，由机械手按照一定的规格储存备用。

④ 人工清理模具需要用腻子刀或其他铲刀清理。需要注意，模具要清理彻底，对残余的大块混凝土要小心清理，防止损伤模台，并分析原因，提出整改措施。

（2）放线

① 全自动放线是由机械手按照输入的图样信息，在模台上绘制出模具的边线。

② 人工放线需要注意先放出控制线，从控制线引出边线。放线用的量具必须是经过验审合格的。

（3）组模

① 机械手组模。通过模具库机械手将模具库内的边模取出，由组模机械手将边模按照放好的边线逐个摆放，并按下磁力盒开关，通过磁力将边模与模台连接牢固。

② 人工组模。人工组装复杂非标准的模具、机械手不方便的模具，如门窗洞口的木模等。

3.1.3　工器具准备

要求施工用设备、工器具必须工作性能良好，能够满足生产连续作业的需要。生产作业前，必须对各种机械设备进行全面检修，同时购置易损配件备用，确保设备正常运行。主要设备及工器具配备如表 3-1-1 所示。

表 3-1-1　主要设备及工器具配备

工具（材料）名称	规格型号	工具（材料）名称	规格型号
桁车吊	5T	直角磁块	
钢筋弯曲机	WG12D-4	插入式振捣器	2.2kW
钢筋切断机	GQ50	振捣棒	$\phi 50/6m$
钢筋切断调直机	GT4-14	砂抹子	150×300
电焊机	BX-500A	电锤	120kW
焊网机	$\phi 8/\phi 6$	混凝土料斗	$1.5m^3$
叉车	CPC60/70	铝合金刮杠	4m

工具（材料）名称	规格型号	工具（材料）名称	规格型号
吊车	20t	铁抹子	100×250
随车吊	12t	砂抹子	150×300
防护眼镜	白色	冲击钻	
棘轮扳手	19号、30号	冲击钻头	ϕ12×400
棘轮扳手	30号	冲击钻头	ϕ10×400
卷尺	7.5m、5m	冲击钻头	ϕ25×800
手锤	4lb 或 6lb	水钻	
磁盒		水钻钻头	ϕ25×600
玻璃密封胶		强度回弹仪	
胶枪		手喷漆	
钢丝绳	12mm×4m		
车载堆放运输架			
角磨机			

注：1lb（磅）＝453.59g。

3.1.4　场地准备及工艺试验

（1）场地准备

施工前对构件预制场硬化，做好排水设施，并平整场地。

（2）工艺试验

在预制构件生产前，选择具有代表性的构件进行工艺试验如图 3-1-3 所示，确定工艺参数。预制块要振捣密实，并记录拆模时间等，以确定科学合理的施工技术参数。将以上试验资料整理上报监理工程师批准后，用以指导预制构件的生产工作。

场地

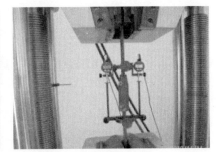
套筒连接工艺试验

图 3-1-3　工艺试验

3.2 技术准备

（1）参加工厂组织的制作工定期质量管理体系学习培训，学习质量计划，各分部工程技术、质量、安全、环境等方案，钢筋抽筋、算量及放样，模板加工计划，材料及周转料具、机械设备使用计划。

（2）熟悉图纸，学习各项有关的技术资料、规范、规程、标准等，接受设计单位技术交底。预制构件加工制作前学习预制构件加工图，具体内容包括：预制构件模具图、图纸、预埋吊件及有关专业预埋图等。

（3）参加制作工艺培训学习，掌握预制构件生产工艺相关知识。主要包括工厂制作加工应具备的生产条件、制作加工材料及配件进场验收和材料复验、流水线模台及固定模台及配套设备的操作、模具拼装标准及工艺、预制构件拆模、钢筋的布设和定位、预埋件的布设和定位、保温板的标准及性能、钢筋套筒的类别与型号、混凝土质量要求、养护窑及配套设备的操作使用。

第4章 预制墙体制作工艺

4.1 制作准备

（1）参加制作工岗前培训及技术交底，通过岗位培训明确岗位职责和任务分工，通过技术交底明确预制剪力墙产品质量要求。

（2）熟悉预制墙体设计图纸，掌握构件制作流程。对图纸中给出的预埋件明确种类数量和安装位置，掌握制作流程，明确操作步骤，强化团队配合意识。

（3）检查预制墙体制作所需的设备及工器具是否处于正常状态。明确生产设备安全技术要求和操作要点，发生事故及时合理处置。对工器具操作熟练，保证工作效率。

（4）预制剪力墙需要准备好相关材料，如剪力墙绑扎好的带套筒钢筋骨架、预埋线盒、线管、保护层垫块、扎丝、斜支撑预埋、吊钉等，预制剪力墙外墙除此之外还需要保温板、拉结件（FRP或不锈钢桁架）、外叶钢筋网片等。

（5）预制墙体模具应具有足够的强度、刚度和整体稳定性，外墙还要注意窗洞模具的拆装顺序。外挂板拉结件的安装严格执行拉结件布置图和专项安装方案。

（6）预制剪力墙外叶需用振捣棒振捣，需要提前准备振捣棒。拉结件的安装严格执行拉结件布置图和专项安装方案。

4.2 制作工艺流程

预制墙体包括预制剪力墙内墙、预制剪力墙外墙、预制外挂板，其制作流程分别如图4-2-1～图4-2-3所示。

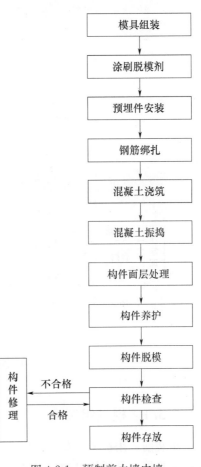

图 4-2-1 预制剪力墙内墙
制作流程图

15

图 4-2-2 预制剪力墙外墙制作流程图   图 4-2-3 预制外挂板墙制作流程图

4.3 操作要点

4.3.1 模具组装

组装前，用铲子将贴合在模台上的混凝土铲掉，然后用扫把将浮灰和混凝土残渣清扫掉，最后用打磨机对平台进行打磨处理，用拖布将尘灰清理掉。在进行模具后续清理时，先用铲子将黏附在模具上的混凝土残渣铲掉，再用扫把扫净，最后用打磨机进行打磨。

　　组装时，模具四周挡边按照所有下挡板距离模台边缘 40cm，模台左侧构件左挡边距离模台左侧边缘 20cm，模台右侧挡边距离模台右侧边缘 20cm 的方式摆放好，将下挡板平行于模台进行定位，在距离模具外边缘 5cm 处焊接定位螺栓，定位螺栓距模具边缘距离不得大于 30cm，中间位置定位螺栓间距不得大于 1m，定位螺栓焊接完成后，将下挡板先用压板进行固定，按照先左右挡边、后上挡边的顺序将其他三边模具固定到下挡边上，带上螺钉，螺钉不要上紧，调整好高度、宽度、对角线尺寸，合格后上紧模具对接螺钉，并用压板进行固定，而后将窗口模具按照图纸位置，进行定位，焊接好固定螺栓，将窗口校正架安装到模具固定槽内，调整好尺寸，用压板固定，最后将定位扁铁紧密贴合到模具四个角内部，进行定位扁铁焊接，焊接后重新复核尺寸，并将焊点进行打磨处理。窗口定位扁铁贴合到模具四个角外部进行焊接。在模台上准确定位模具位置并按顺序完成模具组装，保证模具定位尺寸偏差在允许公差范围内，安装完毕后检查模具连接是否牢固。模具组装如图 4-3-1 所示。

图 4-3-1　模具组装

4.3.2　涂刷脱模剂

　　预制墙体模具组装并校正完成后，按顺时针方向，依次用刷子在模具表面均匀涂抹脱模剂、缓凝剂，涂抹需全面，不可遗漏留死角。模具上挡边倒角位置应用沾有脱模剂的抹布进行涂抹，防止因喷涂不到，导致脱模剂喷涂不到位。脱模剂喷涂不可过多，应喷涂均匀，喷涂不均匀的地方可用抹布进行擦拭，确保均匀无堆积，如图 4-3-2 所示。

4.3.3　钢筋绑扎

　　按照构件图纸绑扎钢筋，绑丝头压入钢筋骨架内侧，钢筋端头必须与内、外边模保持 2～2.5cm 的保护层间距，预制剪力墙外墙的二次钢筋绑扎在保温板铺

图 4-3-2　涂刷脱模剂

设完成后进行。钢筋绑扎应采用全扣的方式，中间部分可采用隔一扎一的方式，垫好垫块，如图 4-3-3 所示。

图 4-3-3　钢筋绑扎

4.3.4　预埋件安装

安装前应检查预埋件型号、材料数量、规格尺寸等是否符合设计要求，预埋件必须有可靠的定位及固定措施，保证其位置准确、牢靠，如图 4-3-4 所示。

图 4-3-4　预埋件安装

4.3.5　保温板铺设

预制墙体外墙在首次混凝土振捣完成后按设计图纸铺设保温板，在保温板与模具之间，可用小块挤塑板填塞，使挤塑板固定，保温板之间用泡沫剂密封刮平。保温板材料及规格尺寸应符合设计图纸要求，如图 4-3-5 所示。

图 4-3-5　保温板铺设

4.3.6　混凝土浇筑

混凝土浇筑前，应逐项对模具、钢筋、预埋件、混凝土保护层厚度等进行检查，确保其规格型号、数量及位置符合设计要求。混凝土浇筑如图 4-3-6 所示。

图 4-3-6　混凝土浇筑

4.3.7　混凝土振捣

混凝土振捣的时限应以混凝土内无气泡冒出时为准，不可漏振、过振、欠振，并注意模板周边和埋件下的混凝土密实。预制剪力墙外墙板的上层浇捣禁止使用设备振动台振捣。混凝土振捣如图 4-3-7 所示。

图 4-3-7　混凝土振捣

4.3.8　构件面层处理

混凝土浇筑、振捣完成后，按设计图纸要求对构件面层进行收光处理，混凝土浇捣平面必需与边模等高，检查构件表面不可有钢筋露出。抹平完成后，等待 30～40min 后开始拉毛。构件面层处理如图 4-3-8 所示。

图 4-3-8　构件面层处理

4.3.9　构件养护

预制构件制作完成后，应对构件进行养护处理，养护时间为 8～16h，如图 4-3-9 所示。

4.3.10　构件脱模

当混凝土强度达到构件脱模要求后，将除下挡边以外的模具压板用电动工具拆除，将左右挡边拆离构件后，将模具靠到定位螺栓上，将模具用螺钉压紧，确保翻转过程中无滑落现象。上挡边拆离构件后，搬离模台，放到模具临时堆放区，窗口模具按照上挡边的流程进行。整个过程按顺序拆除构件模具，仔细检查预制构件与模具连接部分的混凝土是否完好。构件脱模如图 4-3-10 所示。

图 4-3-9　构件养护

图 4-3-10　构件脱模

4.3.11　构件检查

预制构件模具拆除完成后，应对构件进行外观质量缺陷检查，对于已经出现的缺陷应及时进行修补处理，并重新检查验收，如图 4-3-11 所示。

图 4-3-11　构件检查

21

4.3.12 构件存放

预制构件生产完成后，构件下方倒角内侧放置 1m 长的 100mm×100mm 木方作为防护垫，放置倒角因磕碰出现破损，木方位置尽量远离边角，不能避免的应尽量少接触边角，清除预埋固定器。按型号、出厂日期分别存放，预制剪力墙采用立式专用存放架存放，存放场地应平整、牢固，如图 4-3-12 所示。

图 4-3-12　构件存放

4.4　注意事项

（1）所使用的机械及设备具有合格的出厂证明及使用期限，原材料应具有质量合格证明并按相关要求抽检合格。

（2）钢筋的规格、形状、尺寸、数量、间距、锚固长度、接头位置、保护层厚度必须符合设计要求。

（3）仔细检查钢筋、模板、预埋件和保护层垫块的位置、数量等，以确保钢筋的混凝土保护层厚度尺寸满足要求、预埋件位置正确。

（4）混凝土振捣完成后，应及时修整、抹平混凝土裸露面，待定浆后再抹第二遍并压光，抹面时严禁洒水，并应防止过度操作而影响表层混凝土。

（5）构件浇筑振捣完成运至养护区，带模养护至强度不低于设计强度 50％方可拆模，拆模后继续喷淋养护，养护时间必须满足要求。

（6）构件脱模吊装及堆放要严格执行预制构件加工安全技术方案有关要求。

（7）构件制作过程中，要严格执行工厂安全、文明和环境保护的相关要求。

第5章　预制叠合板制作工艺

5.1　制作准备

（1）参加制作工岗前培训及技术交底，明确岗位职责、任务分工以及预制叠合板产品质量要求。

（2）熟悉预制叠合板设计图纸，掌握构件制作流程，明确操作步骤，强化团队配合意识。

（3）检查预制叠合板制作所需的设备及工器具是否处于正常状态，熟悉设备操作流程，保证工作效率。

（4）预制叠合板需要准备好相关的材料，如绑扎好的钢筋骨架、预埋线盒、保护层垫块、扎丝等。

（5）预制叠合板模具应具有足够的强度、刚度和整体稳定性。

5.2　制作工艺流程

预制叠合板制作流程如图 5-2-1 所示。

5.3　操作要点

5.3.1　模具组装

叠合板组装前，用铲子将贴合在模台上的混凝土铲掉，然后用扫把将浮灰和混凝土残渣清扫掉，最后用打磨机对平台进行打磨处理，用拖布将尘灰清理掉。模具后续清理时，先用铲子将粘附在模具上的混凝土残渣铲掉，再用扫把扫净，最后用打磨机进行打磨。

组装时，模具四周挡边按照所有下挡板距离模台边缘 40cm，模台左侧构件左挡边距离模台左侧边缘 20cm，模台右侧挡边距离模台右侧边缘 20cm 的方式摆放好，将下挡板平行于模台进行定位，在距离模具外边缘 5cm 处焊接定位螺栓，定位螺栓距模具边缘距离不得大于 30cm，中间位置定位螺栓间距不得大于 1m，定位螺栓焊接完成后，将下挡板先用压板进行固定，按照先左右挡边、后上挡边的顺序将其他三边模具固定到下挡边上，带上螺钉，螺钉不要上紧，调整好高

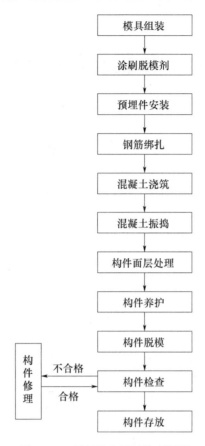

图 5-2-1 预制叠合板制作流程图

度、宽度、对角线尺寸，合格后上紧模具对接螺钉，并用压板进行固定，而后将窗口模具按照图纸位置，进行定位，焊接好固定螺栓，将窗口校正架安装到模具固定槽内，调整好尺寸，用压板固定，最后将定位扁铁紧密贴合到模具四个角内部，进行定位扁铁焊接，焊接后重新复核尺寸，并将焊点进行打磨处理。窗口定位扁铁贴合到模具四个角外部进行焊接。在模台上准确定位模具位置并按顺序完成模具组装，保证模具定位尺寸偏差在允许公差范围内，安装完毕后检查模具连接是否牢固。模具组装如图 5-3-1 所示。

5.3.2 涂刷脱模剂

预制叠合板模具组装并校正完成后，按顺时针方向，依次用刷子在模具表面均匀涂抹脱模剂、缓凝剂，涂抹需全面不可遗漏留死角。模具上挡边倒角位置应用沾有脱模剂的抹布进行涂抹，防止因喷涂不到，导致脱模剂喷涂不到位。脱模剂喷涂不可过多，应喷涂均匀，喷涂不均匀的地方可用抹布进行擦拭，确保均匀无堆积，如图 5-3-2 所示。

图 5-3-1　模具组装

图 5-3-2　涂刷脱模剂

5.3.3　预埋件安装

安装前应检查预埋件型号、材料数量、规格尺寸等是否符合设计要求，预埋件必须有可靠的固定及定位措施，保证其位置准确、牢靠。预埋件安装如图 5-3-3 所示。

图 5-3-3　预埋件安装

25

5.3.4 钢筋绑扎

按照构件图纸绑扎钢筋，钢筋绑扎应牢固，绑丝头应压入钢筋骨架内侧，钢筋端头必须与内、外边模保持 2～2.5cm 的保护层间距。钢筋绑扎应采用全扣的方式，中间部分可采用隔一扎一的方式，垫好垫块，如图 5-3-4 所示。

图 5-3-4　钢筋绑扎

5.3.5 混凝土浇筑

混凝土浇筑前，应逐项对模具、钢筋、预埋件、混凝土保护层厚度等进行检查，确保其规格型号、数量及位置符合设计要求，如图 5-3-5 所示。

图 5-3-5　混凝土浇筑

5.3.6 混凝土振捣

叠合板振捣一般采用振动平台。因特殊原因采用振动棒依次振捣，振捣混凝土的时限应以混凝土内无气泡冒出时为准，不可漏振、过振、欠振，不要将振动棒振到模板，并注意模板周边和埋件下的混凝土密实，如图 5-3-6 所示。

图 5-3-6　混凝土振捣

5.3.7　构件面层处理

混凝土浇筑、振捣完成后，按设计图纸要求对构件面层进行拉毛、收光处理，面层平整度及拉毛深度、拉毛面积比等应符合设计图纸要求，如图 5-3-7 所示。

图 5-3-7　构件面层处理

5.3.8　构件养护

预制构件制作完成后，应对构件进行养护处理，养护时间为 8～16h，如图 5-3-8 所示。

5.3.9　构件脱模

当混凝土强度达到构件脱模要求后，应按顺序拆除构件模具，仔细检查预制构件与模具连接部分的混凝土是否完好，如图 5-3-9 所示。

图 5-3-8 构件养护

图 5-3-9 构件脱模

5.3.10 构件检查

预制构件模具拆除完成后，应对构件进行外观质量缺陷检查，对于已经出现的缺陷应及时进行修补处理，并重新检查验收，如图 5-3-10 所示。

图 5-3-10 构件检查

5.3.11　构件存放

预制构件生产完成后，应按型号、出厂日期分别存放，构件下方倒角内侧放置 100mm×100mm 木方作为防护垫，防止倒角因磕碰出现破损，预制叠合板存储宜平放，叠合板存储不宜超过 6 层，如图 5-3-11 所示。

图 5-3-11　构件存放

5.4　注意事项

（1）所使用的机械及设备具有合格的出厂证明及使用期限，原材料应具有质量合格证明并按相关要求抽检合格。

（2）钢筋的规格、形状、尺寸、数量、间距、锚固长度、接头位置、保护层厚度必须符合设计要求。

（3）仔细检查钢筋、模板、预埋件和保护层垫块的位置、数量等，以确保钢筋的混凝土保护层厚度尺寸满足要求、预埋件位置正确。

（4）构件浇筑振捣完成运至养护区，带模养护至强度不低于设计强度 50％方可拆模，拆模后继续喷淋养护，养护时间必须满足要求。

（5）构件脱模吊装及堆放要严格执行预制构件加工安全技术方案有关要求。

（6）构件制作过程中，要严格执行工厂安全、文明和环境保护的相关要求。

第6章 预制楼梯制作工艺

6.1 制作准备

（1）参加制作工岗前培训及技术交底，明确岗位职责、任务分工以及预制楼梯产品质量要求。

（2）熟悉预制楼梯设计图纸，掌握构件制作流程，明确操作步骤，强化团队配合意识。

（3）检查预制楼梯制作所需的设备及工器具是否处于正常状态，熟悉设备操作流程，保证工作效率。

（4）预制楼梯需要准备好相关的材料，如绑扎好的钢筋骨架、保护层垫块、扎丝、脱模及吊装预埋件等。

（5）预制楼梯模具应具有足够的强度、刚度和整体稳定性。

6.2 制作工艺流程

预制楼梯制作流程如图 6-2-1 所示。

6.3 操作要点

6.3.1 模具组装

预制楼梯模具组装前，用铲子将贴合在模台上的混凝土铲掉，然后用扫把将浮灰和混凝土残渣清扫掉，最后用打磨机对平台进行打磨处理，用拖布将尘灰清理掉。模具后续清理时，先用铲子将粘附在模具上的混凝土残渣铲掉，再用扫把扫净，最后用打磨机进行打磨。

组装时，模具四周挡边按照所有下挡板距离模台边缘 40cm，模台左侧构件左挡边距离模台左侧边缘 20cm，模台右侧挡边距离模台右侧边缘 20cm 的方式摆放好，将下挡板平行于模台进行定位，在距离模具外边缘 5cm 处焊接定位螺栓，定位螺栓距模具边缘距离不得大于 30cm，中间位置定位螺栓间距不得大于 1m，定位螺栓焊接完成后，将下挡板先用压板进行固定，按照先左右挡边、后上挡边的顺序将其他三边模具固定到下挡边上，带上螺钉，螺钉不要上紧，调整好高

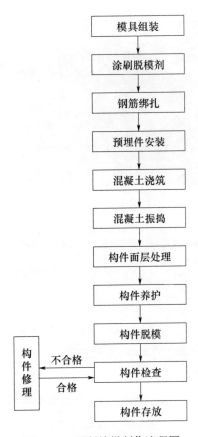

图 6-2-1　预制楼梯制作流程图

度、宽度、对角线尺寸，合格后上紧模具对接螺钉，并用压板进行固定，而后将窗口模具按照图纸位置，进行定位，焊接好固定螺栓，将窗口校正架安装到模具固定槽内，调整好尺寸，用压板固定，最后将定位扁铁紧密贴合到模具四个角内部，进行定位扁铁焊接，焊接后重新复核尺寸，并将焊点进行打磨处理。窗口定位扁铁贴合到模具四个角外部进行焊接。在模台上准确定位模具位置并按顺序完成模具组装，保证模具定位尺寸偏差在允许公差范围内，安装完毕后检查模具连接是否牢固。模具组装如图 6-3-1 所示。

6.3.2　涂刷脱模剂

预制楼梯模具组装并校正完成后，按顺时针方向，依次用刷子在模具表面均匀涂抹脱模剂、缓凝剂，涂抹需全面不可遗漏留死角。模具上挡边倒角位置应用沾有脱模剂的抹布进行涂抹，防止因喷涂不到，导致脱模剂喷涂不到位。脱模剂喷涂不可过多，应喷涂均匀，喷涂不均匀的地方可用抹布进行擦拭，确保均匀无堆积，如图 6-3-2 所示。

图 6-3-1　模具组装

图 6-3-2　涂刷脱模剂

6.3.3　钢筋绑扎

按照构件图纸绑扎钢筋，钢筋绑扎应牢固，绑丝头应压入钢筋骨架内侧，钢筋端头必须与内、外边模保持 2～2.5cm 的保护层间距。钢筋绑扎应采用全扣的方式，中间部分可采用隔一扎一的方式，垫好垫块，如图 6-3-3 所示。

图 6-3-3　钢筋绑扎

6.3.4　预埋件安装

安装前应检查预埋件型号、材料数量、规格尺寸等是否符合设计要求，预埋件必须有可靠的固定定位措施，保证其位置准确、牢靠。预埋件安装如图 6-3-4 所示。

图 6-3-4　预埋件安装

6.3.5　混凝土浇筑

混凝土浇筑前，应逐项对模具、钢筋、预埋件、混凝土保护层厚度等进行检查，确保其规格型号、数量及位置符合设计要求，如图 6-3-5 所示。

图 6-3-5　混凝土浇筑

6.3.6　混凝土振捣

混凝土采用振动棒依次振捣，振捣混凝土的时限应以混凝土内无气泡冒出时为准，不可漏振、过振、欠振，不要将振动棒振到模板，并注意模板周边和埋件下的混凝土密实，如图 6-3-6 所示。

图 6-3-6　混凝土振捣

6.3.7　构件面层处理

混凝土浇筑、振捣完成后，按设计图纸要求对构件面层进行收光处理，面层平整度应符合设计图纸要求，如图 6-3-7 所示。

图 6-3-7　构件面层处理

6.3.8　构件养护

预制构件制作完成后，应对构件进行养护处理，养护时间为 8～16h，如图 6-3-8 所示。

6.3.9　构件脱模

当混凝土强度达到构件脱模要求后，应按顺序拆除构件模具，仔细检查预制构件与模具连接部分的混凝土是否完好，如图 6-3-9 所示。

图 6-3-8 构件养护

图 6-3-9 构件脱模

6.3.10 构件检查

预制构件模具拆除完成后，应对构件进行外观质量缺陷检查，对于已经出现的缺陷应及时进行修补处理，并重新检查验收，如图 6-3-10 所示。

图 6-3-10 构件检查

6.3.11 构件存放

预制构件生产完成后，应按型号、出厂日期分别存放，预制楼梯存储宜平放，构件下方倒角内侧放置 1m 长的 100mm×100mm 木方作为防护垫，放置倒角因磕碰出现破损，叠放不宜超过 5 层，如图 6-3-11 所示。

图 6-3-11　构件存放

6.4　注意事项

（1）所使用的机械及设备具有合格的出厂证明及使用期限，原材料应具有质量合格证明并按相关要求抽检合格。

（2）钢筋的规格、形状、尺寸、数量、间距、锚固长度、接头位置、保护层厚度必须符合设计要求。

（3）仔细检查钢筋、模板、预埋件和保护层垫块的位置、数量等，以确保钢筋的混凝土保护层厚度尺寸满足要求、预埋件位置正确。

（4）混凝土振捣完成后，应及时修整、抹平混凝土裸露面，待定浆后再抹第二遍并压光，抹面时严禁洒水，并应防止过度操作而影响表层混凝土。

（5）构件浇筑振捣完成运至养护区，带模养护至强度不低于设计强度 50% 方可拆模，拆模后继续喷淋养护，养护时间必须满足要求。

（6）构件脱模吊装及堆放要严格执行预制构件加工安全技术方案有关要求。

（7）构件制作过程中，要严格执行工厂安全、文明和环境保护的相关要求。

第7章　异型构件制作工艺

7.1　制作准备

（1）参加制作工岗前培训及技术交底，通过岗位培训明确岗位职责和任务分工，通过技术交底明确预制异型构件产品质量要求。

（2）熟悉预制异型构件设计图纸，掌握构件制作流程。对图纸中给出的预埋件明确种类数量和安装位置，掌握制作流程，明确操作步骤，强化团队配合意识。

（3）检查预制异型构件制作所需的设备及工器具是否处于正常状态。明确生产设备安全技术要求和操作要点，发生事故及时合理处置。对工器具操作熟练，保证工作效率。

（4）预制异型构件内墙需要准备好相关材料，如绑扎好的钢筋骨架、预埋线盒、保护层垫块、扎丝、斜支撑预埋、吊钉等。

（5）预制异型构件模具应具有足够的强度、刚度和整体稳定性，一般预制异型构件需要二次浇筑，需要提前准备振捣棒。

7.2　制作工艺流程

制作工艺流程如图 7-2-1 所示。

7.3　操作要点

7.3.1　模具组装

预制异型构件模具组装前，用铲子将贴合在模台上的混凝土铲掉，然后用扫把将浮灰和混凝土残渣清扫掉，最后用打磨机对平台进行打磨处理，用拖布将尘灰清理掉。模具后续清理时，先用铲子将粘附在模具上的混凝土残渣铲掉，再用扫把扫净，最后用打磨机进行打磨。

组装时，模具四周挡边按照所有下挡板距离模台边缘 40cm，模台左侧构件左挡边距离模台左侧边缘 20cm，模台右侧挡边距离模台右侧边缘 20cm 的方式摆放好，将下挡板平行于模台进行定位，在距离模具外边缘 5cm 处焊接定位螺栓，定位螺栓距模具边缘距不得大于 30cm，中间位置定位螺栓间距不得大于 1m，定

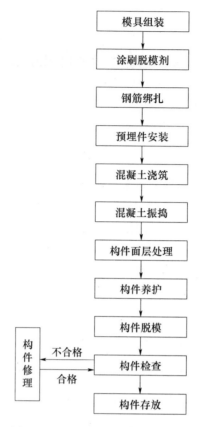

图 7-2-1　预制异形构件制作流程图

位螺栓焊接完成后，将下挡板先用压板进行固定，按照先左右挡边、后上挡边的顺序将其他三边模具固定到下挡边上，带上螺钉，螺钉不要上紧，调整好高度、宽度、对角线尺寸，合格后上紧模具对接螺钉，并用压板进行固定，而后将窗口模具按照图纸位置，进行定位，焊接好固定螺栓，将窗口校正架安装到模具固定槽内，调整好尺寸，用压板固定，最后将定位扁铁紧密贴合到模具四个角内部，进行定位扁铁焊接，焊接后重新复核尺寸，并将焊点进行打磨处理。窗口定位扁铁贴合到模具四个角外部进行焊接。在模台上准确定位模具位置并按顺序完成模具组装，保证模具定位尺寸偏差在允许公差范围内。模具组装如图 7-3-1 所示。

7.3.2　涂刷脱模剂

预制异型构件模具组装并校正完成后，按顺时针方向，依次用刷子在模具表面均匀涂抹脱模剂、缓凝剂，涂抹需全面不可遗漏留死角。模具上挡边倒角位置应用沾有脱模剂的抹布进行涂抹，防止因喷涂不到，导致脱模剂喷涂不到位。脱模剂喷涂不可过多，应喷涂均匀，喷涂不均匀的地方可用抹布进行擦拭，确保均匀无堆积，如图 7-3-2 所示。

图 7-3-1　模具组装

图 7-3-2　涂刷脱模剂

7.3.3　钢筋绑扎

按照构件图纸绑扎钢筋，钢筋绑扎应牢固，绑丝头应压入钢筋骨架内侧，钢筋端头必须与内、外边模保持 2~2.5cm 的保护层间距。钢筋绑扎应采用全扣的方式，中间部分可采用隔一扎一的方式，垫好垫块，如图 7-3-3 所示。

图 7-3-3　钢筋绑扎

7.3.4 预埋件安装

安装前应检查预埋件型号、材料数量、规格尺寸等是否符合设计要求，预埋件必须有可靠的固定定位措施，保证其位置准确、牢靠。预埋件安装如图 7-3-4 所示。

图 7-3-4 预埋件安装

7.3.5 混凝土浇筑

首次混凝土浇筑前，应逐项对模具、钢筋、预埋件、混凝土保护层厚度等进行检查，确保其规格型号、数量及位置符合设计要求，如图 7-3-5 所示。

图 7-3-5 混凝土浇筑

7.3.6 混凝土振捣

混凝土采用振动棒依次振捣，振捣混凝土的时限应以混凝土内无气泡冒出时为准，不可漏振、过振、欠振，不要将振动棒振到模板，并注意模板周边和埋件下的混凝土密实，如图 7-3-6 所示。

图 7-3-6 混凝土振捣

7.3.7 构件面层处理

混凝土浇筑、振捣完成后，按设计图纸要求对构件面层进行收光处理，面层平整度应符合设计图纸要求，如图 7-3-7 所示。

图 7-3-7 构件面层处理

7.3.8 构件养护

预制构件制作完成后，应对构件进行养护处理，养护时间为 8～16h，如图 7-3-8 所示。

7.3.9 构件脱模

当混凝土强度达到构件脱模要求后，应按顺序拆除构件模具，仔细检查预制构件与模具连接部分的混凝土是否完好，如图 7-3-9 所示。

图 7-3-8　构件养护

图 7-3-9　构件脱模

7.3.10　构件检查

预制构件模具拆除完成后，应对构件进行外观质量缺陷检查，对于已经出现的缺陷应及时进行修补处理，并重新检查验收，如图 7-3-10 所示。

图 7-3-10　构件检查

7.3.11　构件存放

预制构件生产完成后，应按型号、出厂日期分别存放，构件下方倒角内侧放置 1m 长的 100mm×100mm 木方作为防护垫，放置倒角因磕碰出现破损，采用专用存放架支撑，如图 7-3-11 所示。

图 7-3-11　构件存放

7.4　注意事项

（1）所使用的机械及设备具有合格的出厂证明及使用期限，原材料应具有质量合格证明并按相关要求抽检合格。

（2）钢筋的规格、形状、尺寸、数量、间距、锚固长度、接头位置、保护层厚度必须符合设计要求。

（3）仔细检查钢筋、模板、预埋件和保护层垫块的位置、数量等，以确保钢筋的混凝土保护层厚度尺寸满足要求、预埋件位置正确。

（4）混凝土振捣完成后，应及时修整、抹平混凝土裸露面，待定浆后再抹第二遍并压光，抹面时严禁洒水，并应防止过度操作而影响表层混凝土。

（5）构件浇筑振捣完成运至养护区，带模养护至强度不低于设计强度 50% 方可拆模，拆模后继续喷淋养护，养护时间必须满足要求。

（6）构件脱模吊装及堆放要严格执行预制构件加工安全技术方案有关要求。

（7）构件制作过程中，要严格执行工厂安全、文明和环境保护的相关要求。

第8章　质量检查

8.1　一般规定

（1）预制构件生产应建立首件验收制度。

（2）预制构件的质量验收，应符合 GB/T 51231—2016《装配式混凝土建筑技术标准》、GB 50204—2015《混凝土结构工程施工质量验收规范》、JGJ 1—2014《装配式混凝土结构技术规程》等现行相关标准的规定。

（3）预制构件生产的质量检验应按照模具、钢筋、混凝土、预应力、预制构件等进行。

（4）预制构件的质量评定应根据钢筋、混凝土、预应力、预制构件的试验、检验等进行。

（5）预制构件经检查合格后，应设置表面标识。

（6）预制构件出厂时，应出具质量证明文件。

8.2　质量验收

8.2.1　模具

质量验收时，预制构件模具尺寸的允许偏差和检验方法如表 8-2-1 所示。

表 8-2-1　模具尺寸允许偏差和检验方法

检验项目、内容		允许偏差（mm）	检验方法
长度	≤6m	1，−2	用尺在平行构件高度方向上量测，取其中偏差绝对值最大值
	>6m，且≤12m	2，−4	
	>12m	3，−5	
宽度、高（厚）度	墙板	1，−2	用尺量测两端或中部，取其中偏差绝对值最大值
	其他构件	2，−4	
底模表面平整度		2	用 2m 靠尺和塞尺量
对角线差		3	用尺量对角线
侧向弯曲		L/1500，且≤5	拉线，用钢尺量测侧向弯曲最大处
检验项目、内容		允许偏差（mm）	检验方法
翘曲		L/1500	按对角拉线量测交点间距离值的 2 倍
组装缝隙		1	用塞片或塞尺量测，取最大值
端模与侧模高低差		1	用钢尺量测

8.2.2　预留、预埋

质量验收时，预制构件上预留、预埋的允许偏差和检验方法如表 8-2-2 所示。

表 8-2-2　预留、预埋允许偏差和检验方法

检验项目		允许偏差（mm）	检验方法
预埋钢板、建筑幕墙用槽式预埋组件	中心线位置	3	用尺量测纵横两个方向的中心线位置，取其中较大值
	平面高差	±2	钢直尺和塞尺
预埋管、电线盒、电线管水平和垂直方向的中心线位置偏移、预留孔、浆锚搭接预留孔（或波纹管）		2	用尺量测纵横两个方向的中心线位置，取其中较大值
插筋	中心线位置	3	用尺量测纵横两个方向的中心线位置，取其中较大值
	外露长度	±10，0	用尺量测
吊环	中心线位置	3	用尺量测纵横两个方向的中心线位置，取其中较大值
	外露长度	0，—5	用尺量测
预埋螺栓	中心线位置	2	用尺量测纵横两个方向的中心线位置，取其中较大值
	外露长度	+5，0	用尺量测
预埋螺母	中心线位置	2	用尺量测纵横两个方向的中心线位置，取其中较大值
	平面高差	±1	用钢尺和塞尺检查
预留洞	中心线位置	3	用尺量测纵横两个方向的中心线位置，取其中较大值
	尺寸	+3，0	用尺量测纵横两个方向尺寸，取其中较大值
灌浆套筒及连接钢筋	灌浆套筒中心线位置	1	用尺量测纵横两个方向的中心线位置，取其中较大值
	连接钢筋中心线位置	1	用尺量测纵横两个方向的中心线位置，取其中较大值
	连接钢筋外露长度	+5，0	用尺量测

8.2.3 预埋门窗框

质量验收时，预埋门窗框的允许偏差和检验方法如表 8-2-3 所示。

表 8-2-3　预埋门窗框的允许偏差和检验方法

项目		允许偏差（mm）	检验方法
锚固脚片	中心线位置	5	钢尺检查
	外露长度	+5，0	钢尺检查
门窗框位置		2	钢尺检查
门窗框高、宽		±2	钢尺检查
门窗框对角线		±2	钢尺检查
门窗框的平整度		2	钢尺检查

8.2.4 预制构件

质量验收时，预制构件外形尺寸的允许偏差和检验方法如表 8-2-4～表 8-2-7 所示。

表 8-2-4　预制构件外形尺寸允许偏差和检验方法

检查项目			允许偏差（mm）	检查办法
长度		<12m	±5	用尺量测两端及中间部，取其中偏差绝对值较大值
		≥12m，且<18m	±10	
		≥18m	±20	
宽度、厚度			±5	用尺量测
表面平整度		外表面	3	2m靠尺和楔形塞尺
		内表面	4	
扭翘			$L/750$	两对角线交点距离的 2 倍
楼板侧向弯曲			$L/750$，且≤20	拉线，量最大侧向弯曲处
对角线差			6	两条对角线的差值
预埋件	预埋钢板	中心线位置偏差	5	用尺量测
		平面高差	0，−5	钢尺和楔形塞尺
	预埋螺栓	中心线位置偏移	2	用尺量测
		外露长度	+10，−5	
	预埋线盒、电盒	在构件平面的水平方向位置偏差	10	用尺量测
		与构件表面混凝土高差	0，−5	

检查项目		允许偏差（mm）	检查办法
预留插筋	中心线位置偏移	3	用尺量测
	外露长度	±5	
预留洞	中心线位置偏移	5	用尺量测
	洞口尺寸、深度	±5	
预留孔	中心线位置偏移	5	用尺量测
	孔尺寸	±5	
吊环、木砖	中心线位置偏移	10	用尺量测
	留出高度	0，−10	
桁架钢筋高度		+5，0	用尺量测

表 8-2-5　预制墙板类外形尺寸允许偏差及检验方法

检查项目		允许偏差（mm）	检查办法
高度、宽度		±4	用尺量测两端及中间部，取其中偏差绝对值较大处
厚度		±3	
表面平整度	外表面	3	2m 靠尺和楔形塞尺
	内表面	4	
扭翘		L/1000	两对角线交点距离的 2 倍
侧向弯曲		L/1000，且≤20	拉线，量最大侧向弯曲处
对角线差		5	两条对角线的差值
预埋件	预埋钢板 中心线位置	5	用尺量测
	预埋钢板 平面高差	0，−5	钢尺和楔形塞尺
	预埋螺栓 中心线位置	2	用尺量测
	预埋螺栓 外露长度	+10，−5	
	预埋套筒、螺母 中心线位置	2	用尺量测
	预埋套筒、螺母 平面高差	0，−5	
预留插筋	中心线位置偏移	3	用尺量测
	外露长度	±5	
预留洞	中心线位置偏移	5	用尺量测
	洞口尺寸、深度	±5	
预留孔	中心线位置偏移	5	用尺量测
	孔尺寸	±5	
灌浆套筒和连接钢筋	灌浆套筒中心线	2	用尺量测
	连接钢筋中心线	2	
	连接钢筋外露长度	+10，0	

续表

检查项目		允许偏差（mm）	检查办法
吊环、木砖	中心线位置偏移	10	用尺量测
	与构件表面混凝土高差	0，−10	
键槽	中心线位置偏移	5	用尺量测
	长度、宽度	±5	
	深度	±5	

表 8-2-6 预制梁柱桁架类外形尺寸允许偏差及检验方法

检查项目		允许偏差（mm）	检查办法
长度	<12m	±5	用尺量测两端及中间部，取其中偏差绝对值较大值
	≥12m，且<18m	±10	
	≥18m	±20	
宽度、高度		±5	用尺量测
表面平整度		4	2m靠尺和楔形塞尺
楼板侧向弯曲	梁柱	$L/750$，且≤20	拉线，量最大弯曲处
	桁架	$L/1000$，且≤20	
预埋件	预埋钢板 中心线位置偏差	5	用尺量测
	预埋钢板 平面高差	0，−5	钢尺和楔形塞尺
	预埋螺栓 中心线位置偏移	2	用尺量测
	预埋螺栓 外露长度	+10，−5	
预留插筋	中心线位置偏移	3	用尺量测
	外露长度	±5	
预留洞	中心线位置偏移	5	用尺量测
	洞口尺寸、深度	±5	
预留孔	中心线位置偏移	5	用尺量测
	孔尺寸	±5	
吊环、木砖	中心线位置偏移	10	用尺量测
	留出高度	0，10	
键槽	中心线位置偏移	5	用尺量测
	长度、宽度	±5	
	深度	±5	
灌浆套筒及连接钢筋	灌浆套筒中心线位置	2	用尺量测
	连接钢筋中心线位置	2	
	连接钢筋外露长度	±10，0	

表 8-2-7　装饰构件外观尺寸允许偏差及检验方法

装饰种类	检查项目	允许偏差（mm）	检验方法
通用	表面平整度	2	2m靠尺或塞尺
面砖、石材	阳角方正	2	用托线板检查
	上口平直	2	拉通线用钢尺检查
	接缝平直	3	钢尺或塞尺检查
	接缝深度	±5	钢尺或塞尺检查
	接缝宽度	±2	钢尺检查

第 2 部分　安装工

第 9 章　装配工岗位职责

（1）装配工经过培训合格后，方可上岗操作。

（2）装配工应熟悉吊装操作流程，熟练运用工器具，掌握的技能保证吊装质量。

（3）装配工进入场地前必须接受建筑三级安全教育，按规定开展安全技术交底，并形成交底记录后方可作业。

（4）装配工能够熟练掌握吊装常用机具的基本功能、使用方法、维护及保养知识以及故障处理知识。

（5）装配工必须掌握灌浆作业安全防护工具的基本功能及使用知识。

（6）装配工工作中应注意吊装机械及吊装物有无异常声响和情况，如有异常情况，立即停止吊装，将重物放到地上。

第 10 章　装配工基本知识

10.1　装配式建筑

装配式建筑是指由预制部件通过可靠连接方式建造的建筑。装配式建筑有两个主要特征：一个特征是构成建筑的主要构件，特别是结构构件是预制的；另一个特征是预制构件的连接方式必须可靠。按照国家标准《装配式混凝土建筑技术标准》（GB/T 51231—2016）的定义，装配式建筑是"结构系统、外围护系统、内装系统、设备与管线系统的主要部分采用预制部品部件集成的建筑"。这个定义强调装配式建筑是四个系统（而不仅仅是结构系统）的主要部分采用预制部品部件集成。

10.1.1　预制构件

预制混凝土构件是指在工厂或现场预先制作的混凝土构件，简称预制构件。预制构件可分为八类，包括楼板、剪力墙板、外挂墙板、框架墙板、梁、柱、复合构件和其他构件等，如图 10-1-1 所示。其中有竖向构件和水平构件两类，竖向构件主要有预制外墙挂板、预制剪力墙板、预制柱等，水平构件主要有预制梁、预制楼板、预制楼梯、预制阳台等。

10.1.2　装配工

装配工是指在装配式建筑施工现场，利用手工工具、测量仪器及机具，根据施工图纸要求，将预制构件、预制外围护构件等固定到指定位置，搭设临时支撑并进行构件节点连接的人员。

10.2　装配式混凝土结构识图基本知识

装配式混凝土结构施工图包括结构施工图和预制构件制作详图两个部分。预制构件深化设计深度应满足建筑、结构和机电设备等各专业以及构件制作、运输、安装等各环节的综合要求。构件深化设计图是工厂用于生产的图纸，应含有以下基本项，具体内容如表 10-2-1 所示。

(a) 预制内墙板

(b) 预制柱

(c) 预制叠合楼板

(d) 预制梁

(e) 预制阳台

(f) 预制楼梯

图 10-1-1　预制构件类型

表 10-2-1　构件深化设计图纸内容

图纸类型	用途	使用人员
图纸目录	图纸种类汇总以及查看	构件厂生产人员、现场施工人员
总说明、平立剖面图	反映设计要求以及 PC 构件位置、名称和重量以及立面节点构造	构件厂生产人员、现场施工人员
预制构件装配图	构件在节点处相互关系的碰撞检查图及安装图	现场施工人员
楼板预埋件分布图	施工现场预埋件定位	现场施工人员
预制构件详图	PC 生产图纸，反映构件外形尺寸、配筋信息、预埋件定位及数量等	构件厂生产人员
公共详图	通用的 PC 构件细部详图	构件厂生产人员、现场施工人员
索引详图	通过索引代号反映各部位的 PC 构件细部详图	构件厂生产人员、现场施工人员
金属件加工图	工厂用和现场用的金属件工厂生产	构件厂生产人员

（1）平面拆分图。

（2）模板图。

（3）配筋图。

（4）安装图。

（5）钢筋表（带加工误差的要求）。

（6）构件混凝土钢筋信息。

（7）预埋件表格。

（8）应包含 3D 示意图。

预制构件模板图如图 10-2-1 所示，构件配筋图如图 10-2-2 所示，预制构件平面布置图示例如图 10-2-3 所示。

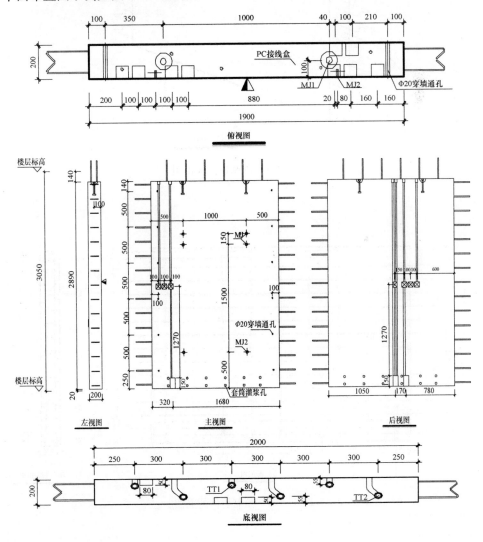

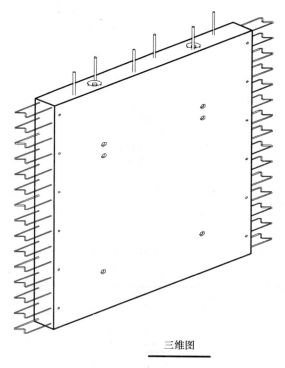

三维图

图 10-2-1　预制构件模板图

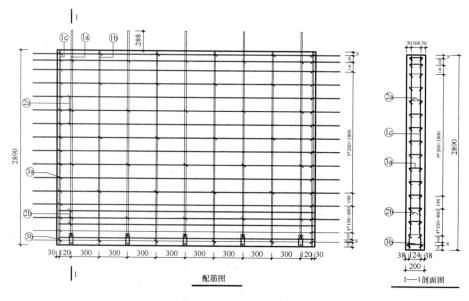

配筋图

1—1剖面图

图 10-2-2　预制构件配筋图

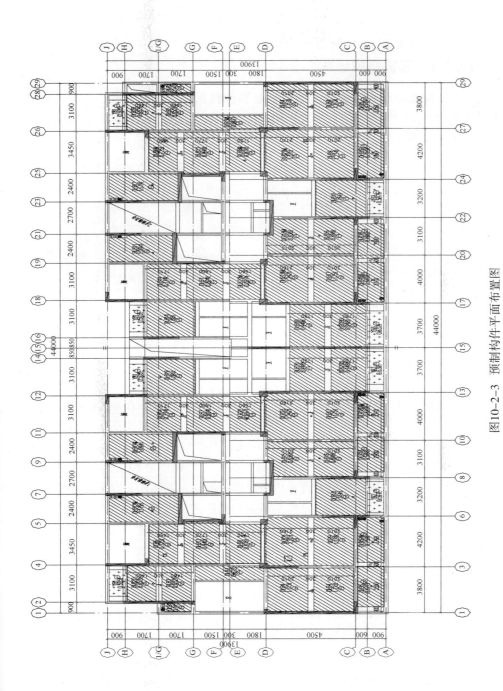

图10-2-3　预制构件平面布置图

10.3 设备、工器具和安全防护用品

10.3.1 起重机械设备

装配整体式混凝土工程施工的特点是构件自重大、安装精度高、施工难度大，起重设备需根据构件的平面位置和构件自重谨慎选用。目前国内装配式建筑工程一般选择塔式起重机和汽车式起重机，如图 10-3-1 所示。

(a) 塔式起重机　　　　　　　　　　(b) 汽车起重机

图 10-3-1　起重机械设备

10.3.2 主要吊装工具

吊具包括点式、一字形、平面式，点式吊具实际就是单根吊索吊装同一构件的吊具；一字形吊具（梁式），采用型钢制作并带有多个吊点的吊具，通常用于线性构件（如梁、墙板）；对于平面面积较大、厚度较薄的构件，以及形状特殊无法用点式或梁式吊具吊装的构件（如叠合板、异形构件等），通常采用架式吊具；吊索为钢丝绳，钢丝绳吊索宜采用压扣形式制作；鸭嘴吊具是吊装墙体和楼梯等预制构件的专用吊装工具，吊钩是吊索与构件连接的部位，为金属制品；卸扣主要用来吊装预制柱；万向吊钉是吊装 PCF 板的专用吊装工具；中小型构件用软吊带捆绑吊装；缆风绳控制构件转动，保证构件就位，如图 10-3-2 所示。

10.3.3 临时支撑及辅助安装工具

临时支撑类型及选用如表 10-3-1 所示。其中，斜支撑用于临时固定竖向预制构件及调节垂直度，竖向支撑是用于叠合板的支撑体系。除了支撑外，还有其他辅助安装工具，例如七字码、U 形槽钢、钢筋定位钢板等。七字码设置于预制墙体底部，主要用于预制墙体定位及临时固定，U 形槽钢用于预制外墙板上下两块墙板的连接，主要作用是控制预制外墙体就位及临时固定，钢筋定位钢板保证伸出钢筋的准确性。支撑及辅助安装工具如图 10-3-3 所示。

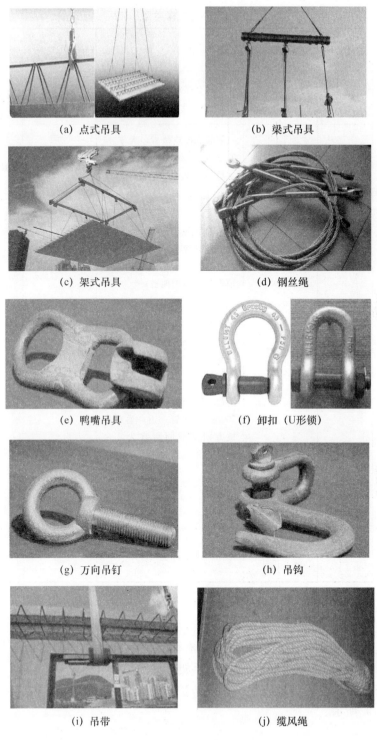

(a) 点式吊具　　　　　　　(b) 梁式吊具

(c) 架式吊具　　　　　　　(d) 钢丝绳

(e) 鸭嘴吊具　　　　　　　(f) 卸扣（U形锁）

(g) 万向吊钉　　　　　　　(h) 吊钩

(i) 吊带　　　　　　　　　(j) 缆风绳

图 10-3-2　主要吊装工具

表 10-3-1 临时支撑类型及选用

构件类别	构件名称	支撑方式	支撑点位置	支撑预埋件	
				位置	构造
竖向构件	柱子	斜支撑、双向	上部支撑点位置：大于 1/2，小于 2/3 构件高度	柱两个支撑面（侧面）	预埋式螺母
	剪力墙板	斜支撑、单向	上部支撑点位置：大于 1/2，小于 2/3 构件高度；下部支撑点位置：1/4 构件高度附近	墙板内侧面	预埋式螺母
水平构件	楼板	竖向支撑	两端距离支座 500mm 处各设一道支撑＋跨内支撑（轴跨 $L<4.8$m 时一道，4.8m≤轴跨 $L<6$m 时两道）	—	—
	梁	竖向支撑、斜支撑	两端各 1/4 构件长度处；构件长度大于 8m 时，跨内根据情况增设一道或两道支撑	梁侧支撑面	—
	悬挑式构件	竖向支撑	距离悬挑端及支座处 300～500mm 各设置一道；垂直悬挑方向支撑间距宜为 1～1.5m，板式悬挑构件下支撑数最少不得少于 4 个。特殊情况另行计算复核后进行设置支撑	—	—
异形构件	—	根据构件形状、重心设计	根据实际情况计算	—	—

10.3.4 外防护架

装配式建筑中常用的外墙脚手架有两种：一种是整体爬升脚手架［见图 10-3-4（a）］，另一种是附墙式悬挑脚手架［见图 10-3-4（b）］。当然，在有些特殊情况下也可以使用传统脚手架。外防护架也可以选择工具式外防护架，如图 10-3-4（c）所示。

(a) 竖向支撑、斜支撑　　　　　　　(b) 斜支撑

(c) 七字码　　　　(d) 叠合梁卡具与木工字梁卡具　　　　(e) 钢筋定位钢板

图 10-3-3　支撑及辅助安装工具

(a) 整体爬升脚手架　　　　(b) 附墙式悬挑脚手架　　　　(c) 工具式外防护架

图 10-3-4　装配式建筑外防护架

10.3.5　吊装配套用具

除了吊索、吊具外，吊装过程中还应有相关的配套工具，如图 10-3-5 所示。

10.3.6　工人随身工具

工人随身工具主要有卷尺、吊锤、扳手、水平尺等，其中卷尺用于构件安装位置精度的确认；吊锤用于构件安装垂直度精度的确认；扳手（棘轮扳手）用于各种螺栓、螺帽的安装；水平尺用于构件安装垂直度精度的确认，如图 10-3-6 所示。

(a) 电焊机、电焊条

(b) 手动切割机

(c) 电锤

(d) 电动扳手

图 10-3-5　吊装配套用具

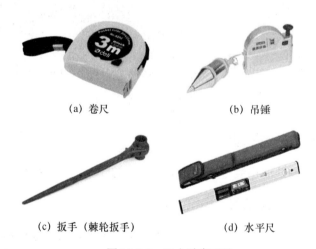

(a) 卷尺　　　　　　　　　　　　(b) 吊锤

(c) 扳手（棘轮扳手）　　　　　　(d) 水平尺

图 10-3-6　工人随身工具

10.3.7　主要安全防护用品

主要安全防护用品包括安全帽、安全带、反光衣和防坠器等，如图 10-3-7 所示。

(a) 安全帽　　　　　　(b) 安全带

(c) 反光衣　　　　　　(d) 防坠器

图 10-3-7　主要安全防护用品

10.4　吊装安全技术要求

（1）吊装前应检查机械、索具、夹具、吊环等是否符合要求并应进行试吊。吊装时注意，安装吊钩前必须要对构件上预埋吊环进行认真检查，检查预埋吊环是否有松动或断裂迹象，如有上述现象或其他影响吊装的现象需报告负责人，严禁吊装。

（2）吊机吊装区域内，非作业人员严禁进入。

（3）在吊装的过程中，必须至少安排两个信号工与吊车司机沟通，下面起吊的时候，以下面的信号工发令为准。上面起吊的时候，以上面的信号工发令为准。

（4）构件起吊过程中，不可中途长时间悬吊、停滞。

（5）高空应通过揽风绳改变预制构件方向，严禁高空直接用手扶预制构件。

（6）起重吊装所用的钢丝绳不准触及有电线路和电焊搭铁线或与坚硬物体摩擦。

（7）使用撬棒等工具，用力要均匀、要慢，支点要稳固，防止撬滑而发生事故。

（8）塔式起重机应满足以下安全规定：

① 塔式起重机安装前，应按建设行政主管部门要求报装备案。安装完毕后，

使用单位应当组织出租方、安装单位、监理单位进行共同验收，并应经有资质的检验检测机构监督检验合格，悬挂安装验收牌。

② 塔式起重机的荷载限制装置、行程限位装置、吊钩保险装置、各限位装置按规定进行调试，并保证灵敏有效。

③ 每周定期开展塔式起重机安全使用状况全方位检查，重点检查回转机构、五大限位、小车断绳保护器、防坠器、限位器的齿条磨损情况等，留存视频资料及书面记录。

④ 台风季节，对于独立自由高度的塔式起重机，顶升套架应提前降落到近地面底部；对于已安装附着装置的塔式起重机，顶升套架应提前降落到最上一道附着装置附近；塔式起重机附着后的悬臂高度应低于塔式起重机厂家允许最大悬臂高度以下至少两个标准节高度。

（9）严格遵守有关起重吊装的"十不吊"中的有关规定：

① 被吊物重量超过机械性能允许范围不准吊；

② 指挥信号不明不准吊；

③ 吊物下方有人站立不准吊；

④ 吊物上站人不准吊；

⑤ 埋在地下物不准吊；

⑥ 斜拉斜牵物不准吊；

⑦ 散物捆扎不牢不准吊；

⑧ 零散物不装容器不准吊；

⑨ 吊物重量不明，吊、索具不符合规定，立式构件不用卡环不准吊；

⑩ 五级以上强风、大雾天影响视力和大雨时不准吊，台风季节应对构件进行临时加固。

（10）履带式起重机、汽车式起重机等起重设备在进场使用前，应对设备资料（合格证、保修证、使用和维修证明书、维修合格证等）进行验收，并重点检查吊车索具、安全保险装置是否可靠有效，支腿是否完全打开，周边是否存在高压线等危险因素等，同时设置警戒隔离区域，由专人看护。

第11章 吊装作业准备

11.1 构件质量验收

(1) 预制构件进场时应提供出厂合格证、相关质量证明文件及性能检测报告，产品质量应符合设计及相关标准要求，并在明显部位标明出厂标识。

(2) 预制构件的外观质量不应有严重缺陷，对外观质量已出现严重缺陷的构件应退回构件加工厂进行处理，处理完毕再次进入现场后应重新检查验收。

(3) 预制构件不应有影响结构性能和安装、使用功能的尺寸偏差，对已出现尺寸偏差且影响结构性能和安装、使用功能的构架应退回构件加工厂进行处理，处理完毕后再次进入现场后重新检查验收；预制构件与后浇混凝土、浆料的粗糙结合面、叠合面、键槽应满足设计要求。预制构件尺寸偏差及预留孔、预留洞、预埋件、预留插筋、键槽的位置和检验方法应符合表 11-1-1 的规定。

表 11-1-1 预制构件外形尺寸允许偏差及检验方法

检查项目			允许偏差（mm）	检验方法
长度	板、梁、柱、桁架	<12m	±5	钢尺检查
		≥12m且<18m	±10	
		≥18m	±20	
	墙板		±4	
宽度、高（厚）度	板、梁		±5	钢尺量测一端及中部，取其中最大值
	墙板		±3	
表面平整度	板、梁、墙板内表面		5	2m靠尺和塞尺检查
	墙板外表面		3	
侧向弯曲	板、梁		L/750且≤20	拉线、钢尺量最大侧向弯曲处
翘曲	墙板		L/1000且≤20	水平尺、钢尺在两端量测
	板		L/750	
对角线差	墙板		L/1000	钢尺量测两个对角线
	板		10	
挠度变形	墙板、门窗口		5	拉线、钢尺量测最大弯曲处
	梁、板设计起拱		±10	

检查项目		允许偏差（mm）	检验方法
预埋件	预埋板、吊环、吊钉 中心线位置	5	钢尺检查
	预埋套筒、螺栓、螺母 中心线位置	2	
	预埋套筒、螺栓、螺母与 混凝土面平面高差	−5，0	
	螺栓外露长度	−5，+10	
预留孔、预埋管中心位置		5	钢尺检查
预留插筋	中心线位置	3	钢尺检查
	外露长度	±5	
格构钢筋	高度	0，5	钢尺检查
键槽	中心线位置	5	钢尺检查
	长、宽、深	±5	
预留洞	中心线位置	10	钢尺检查
	尺寸	±10	
与现浇部位模板接茬范围表面平整度		2	2m 靠尺和塞尺检查

（4）预制构件吊装预留吊环、吊钉、内埋式螺母、焊接埋件应安装牢固、无松动。

（5）预制构件上的预埋件、插筋、格构钢筋、套筒及预留灌浆孔洞的规格、位置和数量应符合设计要求。

（6）预制构件的外观质量不宜有一般缺陷。对已出现的一般缺陷，应按技术处理方案进行处理，并重新检查验收。

（7）预制构件的混凝土强度应符合设计要求。当设计无具体要求时，出厂运输、装配时预制构件的混凝土立方体抗压强度不宜小于设计混凝土强度值的 75%。

11.2　构件堆放

（1）存放库区宜实行分区管理和信息化台账管理。

（2）应按照产品品种、规格型号、检验状态分类存放，产品标识应明确、耐久，预埋吊件应朝上，标识应向外。

（3）应合理设置垫块支点位置，确保预制构件存放稳定，支点宜与起吊点位置一致。

（4）与清水混凝土面接触的垫块应采取防污染措施。

（5）预制构件多层叠放时，每层构件间的垫块应上下对齐；预制楼板、叠合板、阳台板和空调板等构件宜平放，叠放层数不宜超过 6 层；长期存放时，应采取措施控制预应力构件起拱值和叠合板翘曲变形，如图 11-2-1 所示。

（6）预制柱、梁等细长构件宜平放且用两条垫木支撑。

（7）预制内外墙板、挂板宜采用专用支架直立存放，支架应有足够的强度和刚度，薄弱构件、构件薄弱部位和门窗洞口应采取防止变形开裂的临时加固措施。

(a) 叠合板堆放用垫木

(b) 预制墙堆放架

(c) 预制楼梯堆放

(d) 预制墙板堆放

图 11-2-1 构件堆放示意图

11.3 设备、工器具、架体等进场复验

（1）吊装前应检查机械、索具、夹具、吊环等是否符合要求并应进行试吊。吊装时注意，安装吊钩前必须对构件上预埋吊环进行认真检查，检查预埋吊环是否有松动或断裂迹象，如有上述现象或其他影响吊装的现象需报告负责人，严禁吊装。

（2）塔式起重机应满足以下安全规定：

① 塔式起重机安装前，应按建设行政主管部门的要求报装备案。安装完毕后，使用单位应当组织出租方、安装单位、监理单位进行共同验收，并应经有资质的检验检测机构监督检验合格，悬挂安装验收牌；

② 塔式起重机的荷载限制装置、行程限位装置、吊钩保险装置、各限位装

置按规定进行调试，并保证灵敏有效；

③ 每周定期开展塔式起重机安全使用状况全方位检查，重点检查回转机构、五大限位、小车断绳保护器、防坠器、限位器、齿条磨损情况等，留存视频资料及书面记录；

④ 台风季节，对于独立自由高度的塔式起重机，顶升套架应提前降落到近地面底部；对于已安装附着装置的塔式起重机，顶升套架应提前降落到最上一道附着装置附近；塔式起重机附着后的悬臂高度应低于塔式起重机厂家允许最大悬臂高度以下至少两个标准节高度。

（3）履带式起重机、汽车式起重机等起重设备进场使用前，应对设备资料（合格证、保修证、使用和维修证明书、维修合格证等）进行验收，并重点检查吊车索具、安全保险装置是否可靠有效，支腿是否完全打开，周边是否存在高压线等危险因素等，同时设置警戒隔离区域，由专人看护。

（4）支撑系统在实际操作中，应至少包含以下检查项目：

① 斜支撑的地锚浇筑在叠合层上的时候，钢筋环一定要确保与桁架筋连接在一起。

② 斜支撑架设前，要对地锚周边的混凝土用回弹仪测试，如果强度过低，应当由工地技术员与监理共同制定解决办法与应对措施。

③ 检查支撑杆规格、位置与设计要求是否一致，特别是水平构件。

④ 检查支撑杆上、下两个螺栓是否扭紧。

⑤ 检查支撑杆中间调节区定位销是否固定好。

⑥ 检查支撑体系角度是否正确。

⑦ 检查斜支撑是否与其他相邻支撑冲突，应及时调整。

（5）架设脚手架的预埋件应提前埋设进去，隐蔽节点检查时要检查脚手架的预埋件是否符合设计要求。无论使用哪种脚手架，事先都要经过设计及安全验算。安全防护采用工具式外防护架时，应符合《建筑施工工具式脚手架安全技术规范》JGJ 202 的相关规定。

11.4　施工场地要求

施工现场应根据施工平面规划设置运输通道和存放场地，并应符合下列规定：

（1）现场运输道路和存放场地应坚实平整，并应有排水措施；

（2）施工现场内道路应按照构件运输车辆的要求合理设置转弯半径及道路坡度；

（3）预制构件运送到施工现场后，应按规格、品种、使用部位、吊装顺序分别设置存放场地；

（4）存放场地应设置在吊装设备的有效起重范围内，且应在堆垛之间设置通道；

（5）构件的存放架应具有足够的抗倾覆性能；构件运输和存放对已完成结构、基坑有影响时，应经计算复核。

11.5　作业人员配备

（1）吊装人员基本配置：起钩和吊具安装人员 1 名，信号工 2 名，构件安装人员 3～5 名，总协调 1 名。

（2）作业人员已经培训并到位，司索特种作业人员均持证上岗。

第12章　预制墙板吊装工艺流程

12.1　施工准备

（1）根据施工图纸，核对构件尺寸、质量、数量等情况，查看所进场构件编号，墙板上预留管线以及预留洞口是否有无偏差，并做好详细记录。

（2）确定预制墙板吊装顺序。

（3）编制构件进场计划。

（4）确定吊装使用的机械、吊具、辅助吊装钢梁等。

（5）编制施工技术方案并报审。

（6）塔式起重机（选用时应根据构件重量、塔臂覆盖半径等条件确定）、汽车式起重机（选用时应根据构件重量、吊臂覆盖半径等条件确定）、电焊机、可调式斜撑杆、可调式垂直撑杆、经纬仪、水准仪等。

（7）作业条件：

① 构件吊装人员（一般 4～6 人）已经培训并到位。

② 各机械设备已进场，并经调试可正常使用。

③ 构件安装位置线及标高控制点已抄测完毕。

④ 下部结构已经建设单位及监理单位验收并通过。

12.2　预制剪力墙施工工艺流程

预制剪力墙施工工艺流程如图 12-2-1 所示。

12.3　预制剪力墙吊装操作要点

12.3.1　清理及测量放线

楼面清理完成后，测量人员采用"内控法"放线，在建筑物的基础层根据设置的轴线控制桩，用垂准仪和经纬仪进行以上各层的建筑物的控制轴线投测。单个单元楼栋放线孔的数量为 4 个。轴线放线偏差不得超过 2mm，放线遇有连续偏差时，应考虑从建筑物中间一条轴线向两侧调整。每栋建筑物设标准水准点

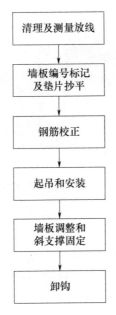

```
清理及测量放线
   ↓
墙板编号标记
及垫片抄平
   ↓
钢筋校正
   ↓
起吊和安装
   ↓
墙板调整和
斜支撑固定
   ↓
卸钩
```

图 12-2-1　预制剪力墙安装工艺流程

1~2 个，在首层墙、柱上确定控制水平线。以后每完成一层楼面用钢卷尺把首层的控制线传递到上一层楼面的预留钢筋上，用红油漆标示，如图 12-3-1 所示。

图 12-3-1　清理及测量放线

12.3.2　墙板编号标记及垫片抄平

根据构件平面布置图纸，依据各层控制轴线放出本层构件的细部位置线和构件控制线，在构件的细部位置线内标出构件编号。从预制剪力墙两端 1/4 处各设置一个垫片，垫片设置位置要平整，垫片高度一般为 20mm，每块板按设计标高设置垫块，如果过高或过低可通过增减垫片数量进行调节，直至垫片标高达到设计标高为止。垫片数量确定后在垫块周边设置记号，防止施工中垫块移动而产生标高变动，并用胶带捆绑为一体，防止垫片遗失，如图 12-3-2 所示。

图 12-3-2　垫片标高抄平及放置垫片

12.3.3　钢筋校正

根据预制墙板定位线，复核钢筋底部纵横向轴线是否偏位，使用钢筋定位模具检查预留钢筋整体位置是否准确，对偏位超过 5mm 以上的钢筋进行调整。其处理方法应按传统施工模式进行调整，先准确标记出钢筋正确中心位置，再将钢筋周边混凝土凿除一定深度，钢筋应按 1∶6 的弯曲比例调整到事先标记的中心位置。施工过程中钢筋纠偏难度比较大，质量控制要求严，所以在楼层浇筑混凝土过程中应加强管理，由专人看护，专门纠偏，如图 12-3-3 所示。

图 12-3-3　钢筋偏位检查校正

12.3.4　起吊安装

起吊前将导链、平衡钢梁、鸭嘴扣、斜支撑、扳手、膨胀螺栓、2m 靠尺、人字梯等工具准备齐全，安排专人进行清点，并对吊具进行检查，存在变形、裂缝、受损的吊具及时进行更换，将不合格的吊具进行报废登记处理。

起吊前平衡钢梁通过吊链与塔式起重机大钩相连，平衡钢梁采用吊点可调的形式，根据墙板的预留吊钉位置进行调节，将鸭嘴扣与吊钉进行连接，再将吊链与平衡钢梁连接，当吊链与平衡钢梁接近垂直时，松开吊架上用于稳固构件的侧向支撑木楔。

开始起吊时应缓慢进行，当墙板底面上升 50cm 高时应略做停顿，检查吊钉和吊扣是否牢固，检查构件是否水平，各吊钉的受力情况是否均匀，调整后构件是否达到水平，检查确认无误后继续提升，待构件完全脱离支架后可匀速提升。

构件转运至预制楼层作业面时，由塔式起重机信号工指挥构件顺着吊装墙板定位线慢速平移墙板，构件经过的上方区域内施工人员应撤离，当预制墙板已到吊装位置时，缓慢下放至楼面高度 1.5m，此时人工扶墙板，确定墙板正反方向后，再次缓慢下降至预留钢筋顶面 2cm 处，利用反光镜查看预埋竖向外露钢筋与预制剪力墙预留孔洞是否一一对应。当钢筋整体进入墙板套筒内落下后，检查构件纵、横方向就位是否准确，当偏位较小时，应使用撬棍将墙板手动微调，偏位较大时起吊墙板至楼面 50cm，根据墙板偏位情况重新进行钢筋调整，调整完成后再进行墙板对孔插入。

起吊与安装如图 12-3-4 所示。

(a) 吊链与平衡钢梁可调吊点连接

(b) 吊链与塔式起重机大钩连接

(c) 吊链、钢梁、墙板连接成整体形式

(d) 墙板挂钩

(e) 墙板起吊前调试

(f) 墙板空中转运

(g) 反光镜对孔检查　　　　　　　　　(h) 墙板对孔落位

图 12-3-4　预制剪力墙起吊与安装

12.3.5　墙板调整和斜支撑固定

在墙板准确就位后，利用墙板本身和现浇楼面的预埋螺栓将可调节斜支撑固定在墙板及现浇完成的楼板面上，通过可调斜支撑固定墙板，在确认螺栓拧紧受力后利用 2m 靠尺检查墙板垂直度情况，通过斜支撑的可调螺杆进行垂直度的调整，直至墙板垂直度达到容许误差范围内，然后锁死可调斜支撑如图 12-3-5 所示。注意：(1) 在扭转可调螺杆时，每根可调斜支撑必须同方向扭转，严禁反方向扭转造成墙板受扭，以免对构件进行破坏；(2) 墙板定位复核及墙板垂直度复核以光面墙板为准。

(a) 墙板垂直度检查　　　　(b) 斜支撑安装　　　　(c) 墙板控制线检查

图 12-3-5　墙板调整和斜支撑固定

12.4　预制非承重墙板吊装工艺流程

预制非承重墙板吊装工艺流程如图 12-4-1 所示。

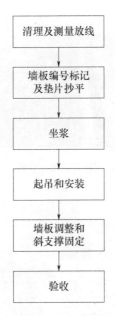

图 12-4-1　预制非承重墙板吊装工艺流程

12.5　预制非承重墙板吊装操作要点

本节只介绍与预制剪力墙工艺流程中不同的部分，相同的部分不再介绍。

12.5.1　座浆

预制填充墙板吊装工艺与预制剪力墙吊装工艺的唯一区别在于填充墙板未设有套筒，楼面也无预留钢筋，在吊装和安装施工前不需要像剪力墙板那样进行钢筋校正，现场只需提前设置坐浆即可。

坐浆施工前将楼面垃圾清理干净并洒水湿润，现场根据坐浆料使用说明书进行搅拌，一般坐浆料的坍落度不宜过大，初凝时间在 1h 左右，所以现场吊装必须连续进行，在坐浆料初凝前完成吊装。坐浆料的厚度为 2cm，中间部位可适当加厚 1~2cm，确保在填充墙吊装后墙板底部挤压坐浆料更宜密实，如图 12-5-1 所示。

12.5.2　起吊与安装

预制填充墙顶部一般会带有叠合梁，填充墙两端会外伸叠合梁底部纵向钢筋，现场可能会在后浇带部位出现 2 块以上填充墙与叠合梁纵向钢筋冲突情况，此时注意填充墙板的吊装顺序，按叠合梁底部钢筋标高低的先吊装的原则进行施工，如图 12-5-2 所示。

图 12-5-1 坐浆

图 12-5-2 起吊与安装

12.6 注意事项

（1）在距离安装位置 50cm 高时停止塔式起重机或起重机下降，检查墙板的正反面是否和图纸正反面一致，检查地上所标示的垫块厚度（1、3、5、10、20mm 等型号的钢垫片）与位置是否与实际相符。

（2）横缝宽度根据标高控制，标高一定要严格控制好，否则会直接影响竖缝；竖缝宽度可根据墙板端线控制，或是用一块宽度（根据竖缝宽确定）合适的垫块放置相邻板端来控制。

（3）用斜支撑将外墙板固定（斜支撑的水平投影应与外墙板垂直且不能影响其他墙板的安装），长度大于 4m 的外墙板不少于 3 个斜支撑，长度大于 6m 的外墙板不少于 4 个斜支撑，用底部连接件（此连接件主要是防止混凝土浇捣时外墙板底部跑模，故应连接牢固且不能漏装，同时方便外墙板就位）将外墙板与楼面连成一体。

（4）操作工人站在人字梯上并系好安全带取钩，安全带与防坠器相连。防坠器要有可靠的固定措施。

（5）外墙板吊装且复核后用连接件将相邻两墙板连接成一体。安装连接时，螺栓要紧固合适，不得影响外墙平整度，安装完毕后用点焊固定。

第13章 预制叠合板及阳台板吊装工艺流程

13.1 施工准备

（1）根据施工图纸，核对构件尺寸、质量、数量等情况，查看所进场构件编号，构件上的预留管线以及预留洞口是否有无偏差，并做好详细记录。

（2）确定预制构件吊装顺序。

（3）编制构件进场计划。

（4）根据构件形式及重量选择合适的吊具。

（5）编制施工技术方案并报审。

（6）塔式起重机（选用时应根据构件重量、塔臂覆盖半径等条件确定）、汽车式起重机（选用时应根据构件重量、吊臂覆盖半径等条件确定）、电焊机、可调式斜撑杆、可调式垂直撑杆、经纬仪、水准仪等。

（7）作业条件：

① 构件吊装人员（一般 4～6 人）已经培训并到位。

② 各机械设备已进场，并经调试可正常使用。

③ 构件安装位置线及标高控制点已抄测完毕。

④ 下部结构已经建设单位及监理单位验收并通过。

13.2 施工工艺流程

预制叠合板安装工艺流程如图 13-2-1 所示。

13.3 吊装操作要点

13.3.1 支撑体系选择与安装

叠合板支撑宜选择三角独立钢管架支撑，立杆间距根据施工方案进行布置，一般不大于 1500mm×1500mm，可调顶撑上木方采用 100mm×100mm 的方形木枋。钢管架支撑应具有足够的强度、刚度、稳定性，现场根据长度进行布置，板端距离支座边 500mm 处各设置一道，中间每间隔不大于 1.5mm 处设置一道（注意：每块叠合板不少于 4 道三角支撑），架体搭设如图 13-3-1 所示。

图 13-2-1 预制叠合板安装工艺流程

图 13-3-1 架体搭设

13.3.2 标高复核

在三角支撑架及顶部木枋搭设完成后，用激光水准仪和钢尺测量木枋顶部标高，通过调节活动锁扣将木枋顶部标高调整到设计标高，如图 13-3-2 所示。注意：在复核确认后确保其他作业人员不能任意移动钢支撑，以免影响叠合板底标高的准确度。

13.3.3 板编号和吊装顺序确认

吊装前根据图纸构件编号依次进行检查，观察构件箭头方向标识，就位的同时观察楼板预留孔洞与水电图纸的相对应位置，以防止构件厂将箭头方向编错，如图 13-3-3 所示。

图 13-3-2　标高复核

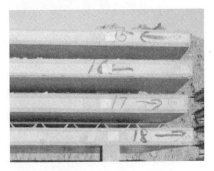

图 13-3-3　叠合板编号及方向确认

13.3.4　起吊和安装

　　叠合板起吊时，要尽可能减小在应力方向因自重产生的弯矩，叠合板面积比较大时，吊装时应采用钢架或钢梁吊装。起升速度要求稳定，下降速度要慢，两点或多点起吊时，吊链与板的水平夹角宜控制在 45°～60°。吊钩或卸扣要对称（左右、前后）吊装，吊钩根据设计固定于叠合板加强处位置。叠合板起吊时先进行试吊，吊起高度为 50cm 停止，检查钢丝绳、吊钩的受力情况，检查叠合板是否处在平衡状态，当确认无误后开始起吊。

　　当叠合板转运至楼层作业面时，移动区域内相关人员必须撤离，在叠合板大致落位至施工区域后，根据构件编号及构件标识方向进行落位（同时参照构件制作详图及构件上预留孔洞），确认叠合板吊装方向，手动进行方向调整，设专人扶正预制构件，缓缓下降。在叠合板下降至作业层上孔 50cm 时，将板边与墙上的安放位置对准后叠合板缓慢下降，此时需要注意叠合板外伸钢筋与现浇梁纵筋等水平方向钢筋的冲突问题，当存在叠合板外伸钢筋被阻挡时，应采用撬棍对阻挡钢筋进行调整，直至叠合板下落至钢支撑方木上。

叠合板落位后检查板面是否平行于梁或墙端，叠合板的外伸钢筋伸入梁或墙段等支座的长度均应满足设计及规范要求，利用激光水准仪和钢尺检查叠合板底标高，通过可调钢支撑调整底标高，使之满足设计要求。

吊装前根据图纸构件编号依次进行检查，观察构件箭头方向标识，就位的同时观察楼板预留孔洞与水电图纸的相对应位置，以防止构件厂将箭头方向编错，叠合板的起吊和安装如图 13-3-4 所示。

(a) 叠合板挂钩	(b) 叠合板空中转运
(c) 叠合板手动调整	(d) 叠合板下降就位
(e) 叠合板安装就位	(f) 叠合板支撑于梁/墙

图 13-3-4 叠合板的起吊和安装

13.3.5 接缝

叠合板一般板底标高一般高于梁或墙端 1~2cm，这样可使板底标高有调整空间。一般在混凝土浇筑前采用细石混凝土塞缝，避免浇筑过程中漏浆。叠合板之间缝隙一般为 30cm 左右，采用现浇模板独立支撑连接，叠合板与模板之间连接紧密，避免浇筑过程中漏浆，如图 13-3-5 所示。

(a) 叠合板水平接缝　　　　　(b) 叠合板竖向接缝

图 13-3-5　叠合板接缝

13.4　注意事项

（1）将构件吊离地面后，观测构件是否基本水平，各吊钉是否受力，确认构件基本水平、吊钉全部受力后起吊。

（2）根据图纸所示的构件位置以及箭头方向就位，就位的同时观察楼板预留孔洞与水电图纸的相对应位置，以防止构件厂将箭头方向编错。

（3）构件安装时短边深入梁或剪力墙上 15mm，构件长边与梁或板与板拼缝按设计图纸要求安装。

（4）阳台板安装时还应该根据图纸尺寸确定挑出长度，安装时阳台外边缘应与已施工完楼层的阳台外边缘在同一直线上。安装完毕后宜将阳台钢筋与叠合梁箍筋焊接在一起。

（5）检查下面支撑及板的拼缝，使所有支撑杆件受力基本一致，板底拼缝高低差小于 3mm，确认无误后取钩。

第14章 预制梁吊装工艺流程

14.1 施工准备

（1）吊装前，根据施工图纸，核对构件尺寸、质量、数量、配筋等情况，查看所进场构件编号并做好记录，特别注意梁的质量，对叠合梁有裂缝、蜂窝、孔洞、少筋、截面尺寸误差超出允许偏差，一律不得在工程上使用。

（2）确定预制梁构件吊装顺序。

（3）编制构件进场计划。

（4）确定吊装使用的机械、吊具、辅助吊装钢梁等。

（5）编制施工技术方案并报审。

（6）塔式起重机（选用时应根据构件重量、塔臂覆盖半径等条件确定）、汽车式起重机（选用时应根据构件重量、吊臂覆盖半径等条件确定）、电焊机、可调式斜撑杆、可调式垂直撑杆、经纬仪、水准仪等。

（7）作业条件：

① 构件吊装人员（一般4~6人）已经培训并到位。

② 各机械设备已进场，并经调试可正常使用。

③ 构件安装位置线及标高控制点已抄测完毕。

④ 下部结构已经建设单位及监理单位验收并通过。

14.2 工艺流程

预制梁安装工艺流程如图14-2-1所示。

14.3 操作要点

14.3.1 测量放线

根据结构平面布置图，放出预制梁定位边线、控制线和标高线，如图14-3-1所示。

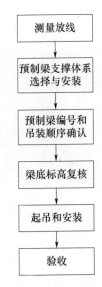

图 14-2-1　预制梁安装工艺流程图

图 14-3-1　预制梁测量放线

14.3.2　支撑体系选择与安装

预制梁支撑立杆间距应根据施工方案进行布置，一般不大于 1000mm×1000mm，可调顶撑上木方采用 100mm×100mm 的方形木枋。钢管架支撑应具有足够的强度、刚度、稳定性，现场根据长度进行布置，距离梁边 300mm 处各设置一道，中间每间隔不大于 1m 设置一道，具体钢支撑间距以现场实际为准，如图 14-3-2 所示。

14.3.3　梁编号和吊装顺序确认

叠合梁根据图纸所示构件位置以及箭头方向就位，吊装顺序宜遵循先主梁后次梁、先高后低的原则。

图 14.3-2　预制梁支撑体系

14.3.4　梁底标高复核

根据模板支设高度，调整上立杆的高度，调节木方顶面设计标高，用激光水准仪和钢尺进行测量，直至满足设计要求。在复核确认后确保其他作业人员不能任意移动钢支撑，以免影响叠合板底标高的准确度。

14.3.5　起吊与安装

按照确定的吊点位置进行挂钩和锁绳。挂好钩绳后缓缓提升，绷紧钩绳，构件吊离地面后稍停，认真检查吊具是否牢固，拴挂是否安全可靠，确认安全后，由信号员指挥将构件起吊到楼层就位，当预制梁转运至楼层作业面时，移动区域内相关人员必须撤离，在预制梁大致落位至施工区域后，根据构件编号及构件标识方向进行落位（同时参照构件制作详图），确认叠合板吊装方向，手动进行方向调整，设专人扶正预制构件，缓缓下降。在叠合板下降至作业层上孔 50cm时，通过控制线将梁慢慢就位，待位置准确后将梁安放在钢支撑上的方木上。预制梁起吊与安装如图 14-3-3 和图 14-3-4 所示。

图 14-3-3　预制梁起吊

图 14-3-4　预制梁安装

14.4　注意事项

（1）缓慢上升将梁吊离地面，检查构件是否基本水平、各吊钉受力是否均匀，构件不水平、吊钉受力不均匀时用钢丝绳或加卸扣进行调整。

（2）在叠合梁就位前检查是否有预埋套管，有预埋套管的应注意正反面，叠合梁底部钢筋弯曲方向应与图纸一致，叠合梁底部纵向钢筋必须放置在柱纵向钢筋内侧，且应与外墙板有一定距离，否则将会影响柱纵筋施工。

（3）将叠合梁缓慢落在已安装好的底部支撑上，叠合梁端应锚入柱、剪力墙内 15mm（叠合梁生产时每边已经加长 15mm）。

（4）取钩时操作工人站在人字梯上并系好安全带取钩，安全带与防坠器相连。防坠器要设有可靠的固定措施。

第 15 章 预制楼梯吊装工艺流程

15.1 施工准备

（1）根据施工图纸，核对构件尺寸、质量、数量等情况，查看所进场构件编号，并做好详细记录。

（2）编制构件进场计划。

（3）根据构件形式选择合适的吊具，由于楼梯为斜构件，吊装时用 3 根长度一样的钢丝绳 4 点起吊，楼梯梯段底部用 2 根钢丝绳分别固定两个吊钉。楼梯梯段上部由 1 根钢丝绳穿过吊钩两端固定在两个吊钉上（下部钢丝绳加吊具长度应是上部钢丝绳的两倍）。

（4）编制施工技术方案并报审。

（5）塔式起重机（选用时应根据构件重量、塔臂覆盖半径等条件确定）、汽车式起重机（选用时应根据构件重量、吊臂覆盖半径等条件确定）、电焊机、可调式斜撑杆、可调式垂直撑杆、经纬仪、水准仪等。

（6）作业条件：

① 构件吊装人员（一般 4～6 人）已经培训并到位。

② 各机械设备已进场，并经调试可正常使用。

③ 构件安装位置线及标高控制点已抄测完毕。

④ 下部结构已经建设单位及监理单位验收并通过。

15.2 吊装工艺流程

预制楼梯吊装工艺流程如图 15-2-1 所示。

15.3 吊装操作要点

15.3.1 测量放线

预制楼梯安装前，测量人员应根据楼梯图纸，在休息平台及梯梁上放出预制楼梯水平定位线及控制线，在周边墙体上放出标高控制线，如图 15-3-1 所示。

图 15-2-1　预制楼梯吊装工艺流程

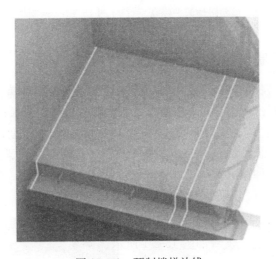

图 15-3-1　预制楼梯放线

15.3.2　预制楼梯调平标高

预制楼梯在吊装前需要在安装部位设置垫片调节标高，安装梯梁外侧采用坐浆料封堵，如图 15-3-2 所示。

15.3.3 预制楼梯起吊

预制楼梯起吊时应采用一长一短的两根钢丝绳将楼梯放坡，通过调节钢丝绳长度，保证上下高差相符，休息平台顶面和底面平行，便于安装。预制楼梯起吊后距离地面50cm停止，检查吊点位置是否准确、吊链受力是否均匀、构件是否水平，确认无误后缓慢上升起吊，如图15-3-3所示。

图 15-3-2　预制楼梯调平标高　　　　图 15-3-3　预制楼梯起吊

15.3.4 预制楼梯安装

构件吊运至楼梯间安装位置上方，由吊装工稳住预制楼梯，根据水平控制线缓慢下放楼梯，对准预留螺杆，安装至设计位置。注意：安装时楼梯的角度可通过手拉葫芦进行调节，利用葫芦调整楼梯放置过程中的水平度，以保证预留钢筋穿插至楼梯构件上预留的孔位上，预制楼梯转运至现浇楼梯梁上方50cm时，人工手扶构件，将楼梯预留孔对正现浇位预留钢筋，缓慢下落，脱钩前用撬棍调节楼梯段水平方向位置，如图15-3-4所示。

图 15-3-4　预制楼梯安装

15.3.5 位置校正

楼梯构件就位后，由吊装工对构件进行平面定位的精调，平面的定位调整主要根据楼层放设的控制线，根据从楼梯构件侧边至控制线的距离来控制，精度达到设计及规范要求后方可卸钩，如图 15-3-5 所示。

图 15-3-5 预制楼梯平面定位精准

15.3.6 预留孔洞及施工缝隙灌缝

完成上述步骤后，用聚苯材料对缝隙进行填充。根据设计要求按照滑动铰端和固定铰端进行后期处理，一般按 10 层进行统一安排施工。

15.4 注意事项

（1）根据梯段两端预留位置安装，安装时根据图纸要求调节安装空隙的尺寸。

（2）根据标高、轴线、图纸，精确调节安装位置后取钩。

第16章 质量检查

构件在安装完成之后，装配工应对构件安装质量进行实测实量及检查验收，构件安装的允 许偏差应符合设计及规范要求，自检合格后报质检员验收。构件安装的允许偏差可参考表 16-1 的规定。

表 16-1 预制构件安装尺寸的允许偏差及检验方法

项目			允许偏差（mm）	检验方法
构件中心线对轴线位置	基础		15	经纬仪及尺量
	竖向构件（柱、墙、和架）		8	
	水平构件（梁、板）		5	
构件标高	梁、柱、墙、板底面或顶面		±5	水准仪或拉线、尺量
构件垂直度	柱、墙	≤6	5	经纬仪或吊线、尺量
		>6	10	
构件倾斜度	梁、桁架		5	经纬仪或吊线、尺量
相邻构件平整度	板端面		5	2m 靠尺和塞尺量测
	梁、板底面	外露	3	
		不外露	5	
	柱、墙侧面	外露	5	
		不外露	8	
构件搁置长度	梁、板		±10	尺量
支座、支垫中心位置	板、梁、柱、墙、桁架		10	尺量
墙板接缝	宽度		±5	尺量

第3部分 灌浆工

第17章 灌浆工岗位职责

（1）灌浆工必须经过培训，取得"灌浆工培训合格证"方可上岗操作。

（2）灌浆工应熟悉灌浆操作流程，熟练运用灌浆工器具，掌握的技能保证灌浆质量。

（3）灌浆工进入场地前必须接受建筑三级安全教育，按规定开展安全技术交底并形成交底记录后方可作业。

（4）灌浆工能够独立熟练掌握灌浆常用机具的基本功能、使用方法、维护及保养知识以及故障处理知识。

（5）灌浆工必须掌握灌浆作业安全防护工具的基本功能及使用知识。

（6）制浆前所用各种设备应完好，各岗位人员应到齐上岗；制浆时应严格按照灌浆料厂家说明书规定的水料比操作，施工过程中严禁自行更换灌浆料品牌和型号。

（7）工作中及时发现灌浆作业异常情况，准确判断故障部位，及时排除故障设备。

（8）每次灌浆工作结束后，应做好场地整理工作，并按规定要求整理好设备，并在"装配式建筑灌浆施工检查记录表"签字。

第 18 章　灌浆工理论知识

18.1　基本概念

（1）钢筋套筒灌浆连接

钢筋套筒灌浆连接是在金属套筒中插入单根带肋钢筋并注入灌浆料拌合物，通过拌合物硬化形成整体并实现传力的钢筋对接连接，简称套筒灌浆连接。

（2）钢筋连接用灌浆套筒

钢筋连接用灌浆套筒是采用铸造工艺或机械加工工艺制造，用于钢筋套筒灌浆连接的金属套筒，简称灌浆套筒。灌浆套筒可分为全灌浆套筒和半灌浆套筒。

（3）全灌浆套筒

全灌浆套筒是两端均采用套筒灌浆连接的灌浆套筒。

（4）半灌浆套筒

半灌浆套筒是一端采用套筒灌浆连接，另一端采用机械连接方式连接钢筋的灌浆套筒。

（5）钢筋连接用套筒灌浆料

钢筋连接用套筒灌浆料是以水泥为基本材料，并配以细骨料、外加剂及其他材料混合而成的用于钢筋套筒灌浆连接的干混料，加水搅拌后具有良好的流动性、早强、高强、微膨胀等性能，填充于套筒与带肋钢筋间隙内，形成钢筋套筒灌浆连接接头、简称套筒灌浆料。其分为常温型钢筋连接用套筒灌浆料和低温型钢筋连接用套筒灌浆料。常温型钢筋连接用套筒灌浆料适用于灌浆施工及养护过程中 24h 内灌浆部位温度不低于 5℃；低温型钢筋连接用套筒灌浆料适用于冬期施工，适用的温度范围为 −5℃～10℃，灌浆施工及养护过程中 24h 内灌浆部位温度范围不低于 −5℃。

（6）灌浆料拌合物

灌浆料拌合物是将灌浆料按规定比例加水搅拌后，具有规定的流动性、早强、高强及硬化后微膨胀等性能的浆体。

（7）座浆料

座浆料是以水泥为基本材料，配以适当的细骨料，以及少量的混凝土外加剂和其他材料混合而成的干混料，加水搅拌后具有可塑性好、不流动、早强、高强等性能，主要用作摊铺在承重构件下填缝的干混料，简称座浆料。

（8）灌浆工

灌浆工是在预制装配建筑装配施工过程中，使用手动工具或机械工具，按钢筋套筒灌浆连接应用技术规程要求，将钢筋套钢筋筒用灌浆料灌注入灌浆套筒内，进行钢筋灌浆套筒接头连接的施工人员。

18.2　识图基本知识

构件详图的主要有四大区：主视图、配筋图、水电图、说明图。主视图主要用三视图体现构件的外轮廓。其中包括轮廓尺寸和预埋尺寸等，因构件的特殊性，部分构件需要预留相应尺寸的缺口，缺口的位置和尺寸大小也在主视图中标明，同时也标明了剪力墙中除水电以外的所有预埋件在平面内的布置情况；配筋图标明所有钢筋尺寸及位置，部分图纸还会标明玻璃纤维筋的数量及位置，另外还会有一些钢筋节点大样等信息；水电图标明所有水预埋和所有电预埋的位置尺寸，其中有时还有一些水电说明；说明图包含图例说明、钢筋明细表，以及其他区域的一些构件要求。如图 18-2-1 所示为一预制剪力墙模板图。

18.3　灌浆工艺分类

套筒灌浆连接是连接预制构件钢筋的主流技术，是国内装配式建筑领域推广的关键技术。为了使预制构件之间的钢筋实现可靠连接，首先要保证灌浆套筒与钢筋有效连接，连接部位必须达到强节点弱构件的要求，因此现场施工操作非常重要，一旦出现质量问题就会影响到房屋的整体安全。所以对灌浆套筒有以下要求：

（1）预制构件中的灌浆套筒和伸出钢筋位置准确；

（2）在现场安装时要保证钢筋的插入深度无误；

（3）保证灌浆套筒内的灌浆料饱满充盈。

18.3.1　竖向构件

对于竖向预制构件之间的钢筋连接一般采用连通腔灌浆法和坐浆后逐个灌浆法。

连通腔灌浆法是指在构件接缝处用少量的砂浆对接缝空腔进行封闭，用压力灌浆设备从某个套筒下部的灌浆孔注入灌浆料拌合物，用灌浆料将接缝空腔填满后，会从各个灌浆套筒的出浆孔排气，直至每个出浆孔都溢出浆料时，对所有的出浆孔进行封堵，可以实现对一群钢筋进行一次性灌浆。

坐浆后逐个灌浆法是指在竖向预制构件吊装前，将坐浆料满铺于吊装支承面上，修整成中间高、四周低的形状，在钢筋位置放置环形防堵垫片，构件吊装就

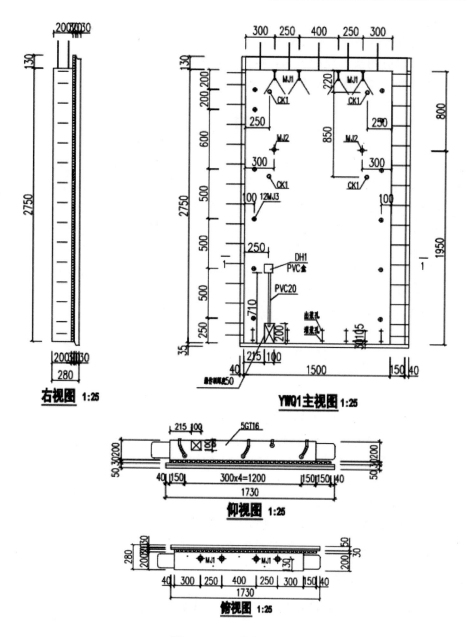

图 18-2-1　预制剪力墙模板图

位后，坐浆料上表面的环形防堵垫片将构件中每个灌浆套筒下口封堵，待坐浆料凝固后对各个灌浆套筒独立灌浆的施工工艺。

　　预制柱钢筋的连接宜采用连通腔灌浆法，也可以采用坐浆后逐个套筒灌浆的方法。预制剪力墙钢筋的连接宜采用坐浆后逐个套筒灌浆的方法，在剪力墙较短时（短于 1.5m）或分仓灌浆时，也可以采用连通腔灌浆法。

18.3.2　水平构件

对于预制梁之间的钢筋连接只能采用单根钢筋逐根对接灌浆的方法，灌浆套筒必须使用全灌浆套筒，先把灌浆套筒安装在一段预制梁伸出的钢筋上，在另一段预制梁吊装定位准确后，把灌浆套筒移动到两段梁伸出钢筋的中间位置，使灌浆孔和出浆孔朝上，从一个灌浆孔注入高强度灌浆料拌合物，从另一个灌浆孔溢出灌浆料时结束。可采用手动灌浆工具或灌浆机械进行操作。

18.4　材料、设备和工器具

18.4.1　主要材料和辅助材料

主要材料和辅助材料包括：灌浆套筒（半灌浆套筒、全灌浆套筒）、高强度灌浆料、坐浆料、水、分仓材料、堵孔塞、灌浆套筒堵头和标高调节垫片等，如图 18-4-1 至图 18-4-6 所示。

图 18-4-1　半灌浆套筒

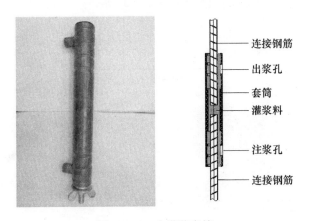

图 18-4-2　全灌浆套筒

图 18-4-3　灌浆料、坐浆料

图 18-4-4　堵孔塞

图 18-4-5　分仓材料

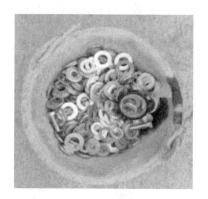

图 18-4-6　标高调节垫片

18.4.2　主要设备

主要设备包括：自动搅拌机（图 18-4-7）、气泵式灌浆机（图 18-4-8）、手动灌浆枪（图 18-4-9）和高压水枪（图 18-4-10）等。

图 18-4-7　自动搅拌机

图 18-4-8　气泵式灌浆机

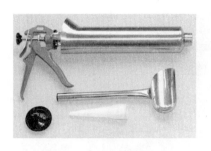

图 18-4-9　手动灌浆枪

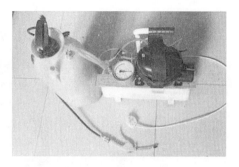

图 18-4-10　高压水枪

18.4.3　主要工器具

主要工具包括手持式电动搅拌器、灌浆料拌和桶、量杯、电子秤、温度计、500mm×500mm 流动度测试玻璃板试块三联模具、流动度测试截锥圆模、灰铲和抹刀等，如图 18-4-11 至图 18-4-20 所示。

图 18-4-11　手持式电动搅拌器

图 18-4-12　灌浆料拌和桶

图 18-4-13　量杯

图 18-4-14　电子秤

图 18-4-15　温度计　　　　图 18-4-16　500mm×500mm 流动度测试玻璃板

图 18-4-17　试块三联模具　　　　图 18-4-18　流动度测试截锥圆模

图 18-4-19　灰铲　　　　图 18-4-20　抹刀

第19章 灌浆作业准备

19.1 技术准备

（1）提前检查现场标高、钢筋位置及伸出长度，对受到污染的钢筋表面进行清理，安装前调整支承垫块标高至准确高度并做好标记。

（2）应对灌浆套筒空腔进行通光或吹气或通水检查，以防灌浆管和出浆管堵塞，同时检查套筒内壁是否被水泥浆污染，并清理干净。

（3）将预制构件安装就位后，调节斜撑长度使构件位置准确、牢固，并保持垂直状态。

19.2 材料、设备和工器具准备

（1）灌浆料拌合物

采用专用灌浆料，1d抗压强度≥35MPa，28d挤压强度≥85MPa；初始流动度≥300mm，30min流动度≥260mm，使用前应核对灌浆料是否过期，过期的灌浆料不得使用，并交由管理人员处置；拌合水采用饮用水。

（2）分仓材料

分仓材料选用密封带，密封带宜选用导热系数低、不吸水的聚苯乙烯泡沫条。

（3）封仓材料

封仓材料应具备早强、高强、干缩小、和易性好的性能特点，应与上、下预制构件表面粘结牢固，并能承受一定的灌浆压力；水泥采用42.5R水泥，中粗砂细度模数2.5～3.0，拌合水采用饮用水；封仓材料内衬宜选用具有一定弹性的软管、橡胶条或PVC管等。

（4）堵孔塞

堵孔塞应与进/出浆管相匹配，并具有一定的弹性，保证严密封堵进/出浆管管口且不易被灌浆料顶出。

（5）标高调节垫片

标高调节垫片可采用由多个具有确定厚度的铁片叠合而成的垫铁组。

（6）灌浆料搅拌机具

高强度灌浆料、坐浆料和封仓砂浆均需要加水搅拌，应该采用强制性搅拌机进行机械搅拌，搅拌机的容积以不小于 25kg 灌浆料为宜，如果少量搅拌可以采用搅拌电钻＋水桶的方式。

（7）灌浆机

灌浆机一般以气压式灌浆机或螺杆式灌浆机为主，气压式灌浆机不容易堵塞。螺杆式灌浆机的螺杆泵头容易因为摩擦生热导致堵塞，需要频繁清洗和更换泵头。

主要设备和工器具如表 19-2-1 所示。

表 19-2-1　主要设备和工器具

序号	名称	类型和技术指标
1	灌浆机	220V
2	搅拌机	220V
3	高压水枪	—
4	制浆桶	—
5	水桶	—
6	电子秤	—
7	刻度杯	—
8	搅拌桶	—
9	温度计	—
10	截锥圆模	100mm×70mm×610mm
11	钢化玻璃板	500mm×500mm
12	试块三联模具	40mm×40mm×160mm
13	钢卷尺	—
14	抹刀	—
15	灰刀	—
16	灰桶	—

19.3　作业人员配备

对于连通腔灌浆法的操作，由于灌浆料用量较大，一般采用灌浆机设备进行灌浆，在进行连续作业时，应安排不少于 4 人一组，4 人分别执行灌浆料拌合物制备、灌浆机启停和观察、对构件套筒进行灌浆、封堵灌浆孔和出浆孔。

对于坐浆后逐个灌浆法的操作，由于灌浆料用量很少，一般采用手动灌浆枪即可进行灌浆，应安排不少于 2 人一组，2 人分别执行灌浆料拌合物制备并配合换手动灌浆枪、对构件套筒进行灌浆并封堵灌浆孔和出浆孔。当使用灌浆机设备进行灌浆时，人员配备与连通腔灌浆法相同。

对预制梁钢筋对接灌浆操作，灌浆料用量较少，应安排不少于 2 人一组，2 人分别执行灌浆料拌合物制备并配合换手动灌浆枪、对构件套筒进行灌浆。一般在楼地面进行灌浆料拌合物制备，灌浆操作需要站在专门的操作平台或架体上。

第20章　连通腔灌浆

20.1　工艺流程

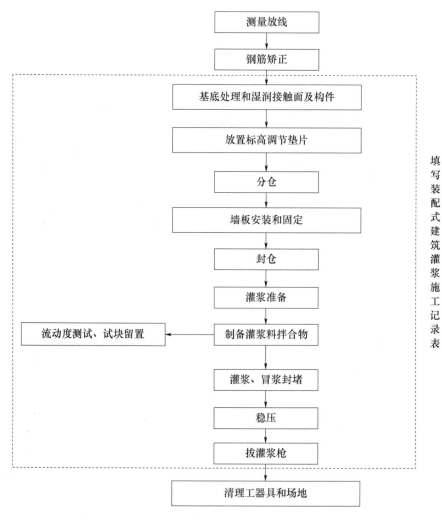

测量放线

钢筋矫正

基底处理和湿润接触面及构件

放置标高调节垫片

分仓

墙板安装和固定

封仓

灌浆准备

制备灌浆料拌合物　→　流动度测试、试块留置

灌浆、冒浆封堵

稳压

拔灌浆枪

清理工器具和场地

填写装配式建筑灌浆施工记录表

图 20-1-1　连通腔灌浆工艺流程图

20.2　操作要点

20.2.1　测量放线

墙板安装前准确地弹出墙板定位线及控制线，如图 20-2-1 所示。

图 20-2-1　测量放线

20.2.2　钢筋矫正

根据定位线及控制线用定位工具检查预留钢筋位置，将偏心钢筋用专用工具调整，矫正弯曲的预留钢筋，如图 20-2-2 和图 20-2-3 所示。

图 20-2-2　定位工具示意图

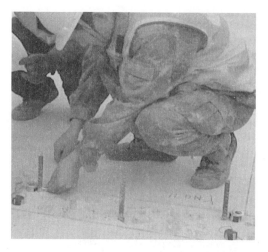

图 20-2-3　钢筋矫正

20.2.3　基底处理和湿润接触面及构件

分仓前，应采用清扫工具清扫吊装支撑面，清理杂物垃圾，必要时采用钢丝刷清除松动石子和水泥浮浆，确保结合面清洁；洒水润湿墙、板结合面及预制墙板灌浆套筒整个空腔，确保湿润但不应有明水，如图 20-2-4 所示。

图 20-2-4　湿润接触面及构件

20.2.4　放置标高调节垫片

可通过标高调节垫片的厚度调整预制墙板的底部标高和垂直度，垫片间距不宜小于 1.5m，如图 20-2-5 所示。

20.2.5　分仓

分仓应在墙板吊装前进行，分仓长度根据实体灌浆试验确定，宜为 1.0～1.5m；连通灌浆腔越大，灌浆压力越大，灌浆时间越长，对封缝的要求越高，灌浆不满的风险越大。采用手动灌浆时，分仓长度不宜超过 0.3m。分仓情况如图 20-2-6 所示。

图 20-2-5　放置标高调节垫片

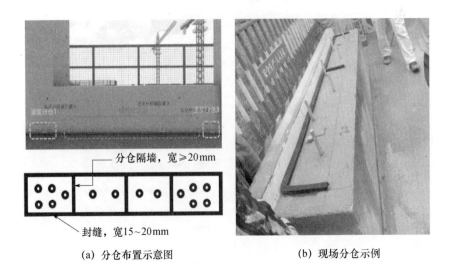

(a) 分仓布置示意图　　　　　　　　(b) 现场分仓示例

图 20-2-6　分仓

分仓时将分仓材料在预制构件吊装前固定在吊装支撑面上，分仓材料宽度宜为 30～40mm。为防止分仓材料遮挡灌浆套筒孔口，分仓材料与钢筋间净距不宜小于 40mm；分仓材料可选用密封带、封缝料或其他早强、黏聚性好的水泥基料；密封带宜选用导热系数低、不吸水的弹性材料，可选用聚苯乙烯泡沫条等。

分仓后应在预制构件相应位置做出分仓标记，以便于指导后续灌浆施工。

20.2.6　墙板安装和固定

当墙板吊装到钢筋上部时停止下放，用镜子伸入底部观察套筒位置，确保钢筋对准后慢慢下放。当墙板就位后,用斜向支撑和"7"字码固定,并通过旋转调节装置调节墙板垂直度,如图 20-2-7 和图 20-2-8 所示。

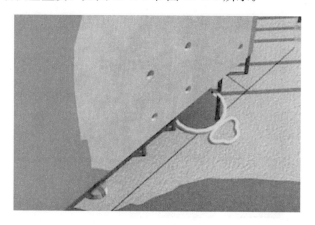

图 20-2-7　墙板安装

图 20-2-8　墙板固定

20.2.7　封仓

施工流程:填入内衬材料→封缝→抹压封仓材料成一个倒角→缓慢抽出内衬→养护 24h(温度较低时养护时间适当延长)。

内衬宜选用具有一定弹性的软管、橡胶条或 PVC 管等,把调制好的封仓材料塞入接缝,用小抹刀压实,不得使封仓材料进入仓内。拖拽内衬管分段施工,直至接缝完全被砂浆封闭,养护接缝砂浆至强度不低于 10MPa。封仓操作如图 20-2-9 所示。

图 20-2-9 封仓

20.2.8 制备灌浆料拌合物

应严格按照产品说明书进行制备，计量加水搅拌，搅拌时间应为 3~6min，以搅拌均匀无结块为准。然后静置 2~3min，以使灌浆料在搅拌过程中产生的气泡自然消除。

灌浆料以水泥为基本材料，对温度、湿度均具有一定的敏感性，因此在储存过程中应注意干燥、通风并采取防晒措施，防止其性态发生变化。

灌浆料拌合物的温度宜为 10~30℃，当环境温度低于 5℃时不宜施工，低于 0℃时不得施工；当环境温度高于 30℃时，应采取降低灌浆料拌合物温度的措施。当日平均气温低于 10℃时可采用低温灌浆料施工，其相关的灌浆施工技术应满足规范的要求。灌浆前 6h，灌浆部位实际监测温度低于 5℃时，灌浆作业面应采取封闭保温措施；当灌浆部位温度低于 0℃时，灌浆作业面应采用加热升温措施；当灌浆部位温度低于 -5℃时，不得进行灌浆施工。

20.2.9 流动度测试和强度试验试块留置

检查拌合后的浆液流动度，需保证初始流动度不小于 300mm，30min 时流动度不小于 260mm。每班灌浆连接施工前进行灌浆料拌合物初始流动度和 30min 时流动度检验，记录有关参数，流动度合格方可使用，如图 20-2-10 所示。

灌浆料拌合物应做同等条件养护试验，以验证在施工作业条件下可以保证灌浆料的强度不低于 35MPa。强度试验试块留置每班且每楼层不少于 3 组，如图 20-2-11 所示。

20.2.10 灌浆

由专业灌浆班组长进行灌浆。灌浆泵（枪）从接头下方的灌浆孔处向套筒内压力灌浆，如图 20-2-12 所示。

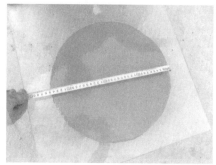

图 20-2-10　流动度试验

图 20-2-11　强度试验试块留置

图 20-2-12　灌浆

注意事项包括：

（1）在正式灌浆前，应逐个检查各接头的注浆孔和出浆孔内有无影响浆料流动的杂物，确保孔路畅通。并对灌浆机进行冲洗，确保灌浆机使用正常。

（2）同一仓只能在一个注浆孔灌浆，下文称之为灌浆孔，宜选择中间套筒的注浆孔为灌浆孔，不能同时选择两个以上孔灌浆。

（3）灌浆前应将灌浆管内的水排出，直至出浆均匀，方可进行灌浆。将灌浆枪插入灌浆孔，其他注浆孔或出浆孔成柱状流出砂浆后，立即用橡皮塞封堵，直至封堵完所有注浆孔和出浆孔，封堵时灌浆机一直保持运转状态。

（4）同一仓应连续灌浆，不得中途停顿。如果中途停顿，再次灌浆时，应保证已灌入的浆料有足够的流动性后，还需要将已经封堵的出浆孔打开，待灌浆料拌合物再次流出后逐个封堵出浆孔。

（5）环境温度低于5℃时不宜施工，低于0℃时不得施工。当环境温度高于30℃时应采取降低灌浆料拌合物温度的措施。

（6）正常灌浆浆料要在自加水搅拌开始20～30min内灌完，以尽量保留一定的操作应急时间。

（7）灌浆过程中控制压力为0～0.4MPa，观察灌浆的实际效果，灌浆料从出浆孔溢流出来即可，即要控制好灌浆料拌合物从灌浆机枪头出浆的压力，宜控制在0.2MPa即可，压力一旦过大，可能会将封仓材料的封堵"冲坏"。

20.2.11　清理工器具和场地

及时清洗工器具，以备后续继续使用。由于灌浆料拌合物强度高，当其掉落在场地时，应及时清理场地，禁止扰动或拆除斜支撑。

20.2.12　填写灌浆施工检查记录表

作业过程中施工人员应按要求填写"装配式建筑灌浆施工检查记录表"。

表 20-2-1　装配式建筑灌浆施工检查记录表

编号：

工程名称				施工部位（构件编号）	
施工日期	年　　月　　日　　时			灌浆料批号	
环境温度	℃			使用灌浆料总量	kg
材料温度	℃	水温	℃	浆料温度	℃（不高于30℃）
搅拌时间	min	流动度	mm	水料比 （加水率）	水：　　kg 料：　　kg

检验结果				
灌浆口、 排浆口示意图				
备注				
施工单位	灌浆作业人员	施工专职检验人员	监理单位	监理人员

注：记录人根据构件灌浆口、排浆口位置和数量画出草图（表中图为参考），检验后将结果在图中相应灌、排浆口位置做标识，合格的打"√"，不合格时打"×"，并在备注栏加以标注。

20.3 注意事项

（1）吊装前应检查下部锚接钢筋的锚入深度及位置，禁止私自切割钢筋，对于锚入深度不够、预留位置偏位的钢筋，应停止作业。

（2）分仓操作前应根据施工方案设计的分仓长度分隔，每个连通腔的长度不应超过 1.5m。

（3）封仓过程中，必须有防止封仓材料进入套筒底部的措施。

（4）封仓完成及灌浆完成后严禁调整临时斜撑，必须待灌浆料拌合物强度达到 35MPa 后方可进行对墙板有扰动的施工。

（5）灌浆前，应对封仓强度及气密性进行试压检验，试压合格后方可进行灌浆操作。

（6）每班灌浆操作前应测试灌浆料拌合物流动性，确保浆料初始流动度≥300mm，30min 流动度≥260mm 后方可进行施工。

（7）灌浆操作前应确保所有出浆孔处于打开状态。

（8）灌浆过程中应随时留意封仓缝的密封性，发现漏浆时，应立即停止灌浆作业，用高压清洁水冲洗灌浆仓，重新封仓后再次灌浆。

（9）套筒灌浆至上部出浆孔溢出浆料时，及时封堵出浆孔，拔枪后立即封堵灌浆孔，接着去除出浆孔堵头，在结构验收完成前，严禁封堵出浆孔。

（10）灌浆料拌合物应在 30min 内使用完，超过 30min 禁止使用。

第 21 章　质量检查

（1）采用连通腔灌浆法灌浆前，应通过气枪检查各套筒底部的通畅性，若不通畅应重新分仓和封仓；

（2）灌浆过程中出浆孔必须充分冒浆后方可封堵，否则为不合格；

（3）连通腔法灌浆结束后拔出出浆孔胶塞，用手电筒检查出浆孔内部饱满情况，饱满为合格，否则为不合格；

（4）作业过程中施工人员应按要求填写"装配式建筑灌浆施工检查记录表"，否则为不合格；

（5）灌浆密实度应进行自检：抽检注浆孔和出浆孔，目测注浆孔和出浆孔时视觉上不密实的，采用用 $\phi6mm$ 钻头手电钻钻入 $20\sim30mm$，后面空的为不合格，必须重新进行灌浆；

（6）每块预制剪力墙灌浆完成后，待每一个出浆孔都有浆料溢出后，进行拍照。数量要求为 100%。照片中要反映墙板编号和拍摄时间，示例如图 21-1 所示。

图 21-1　灌浆照片记录